조경을 위한 용어 에세이

김수봉

박영사

머리말

  용어(用語)란 어떤 분야에서 쓰이는 말입니다. 이것이 특정 분야에 국한되어 쓰이는 경우, 전문 용어(專門用語)라고 합니다. 이 책은 조경에서 쓰이는 지식과 정보 그리고 개념 및 용어에 관한 책입니다. 그래서 책 제목을 〈조경을 위한 용어 에세이〉라고 했습니다.

  조경(造景)이라는 용어는 영어 Landscape Architecture(풍경 + 건축)의 번역어입니다. 저는 수목이나 꽃, 돌 혹은 물 등과 같은 자연(혹은 생명)을 소재로 하여 자연미를 표현하는 것을 목적으로 하는 것이 조경이라고 생각합니다. 그래서 조경은 자연, 그 중에서 나무(혹은 꽃)와 같은 자연의 특징을 잘 이해해야하며 특히 나무를 잘 심고 가꿀 줄 알아야 하는 직업입니다. 조경전문가는 나무를 기능적으로, 심미적으로 또 생태적으로 적절한 곳에 심고 가꾸고 보호할 수 있는 능력을 가져야 한다고 생각합니다. 필자는 그것이 바로 조경이 다른 건설업인 건축공학이나 도시계획 혹은 토목공학과 구별되는 원천 기술이라고 생각합니다. 한편 몽테뉴는 에세이를 "자기를 탐구하고자 애쓴 능동적이고 적극적이며 힘든 노력의 기록"[1] 이라고 했습니다. 필자는

---

1 몽테뉴 생각 담은 '에세이'의 시초 "현대인에게 필요한 위로·대답 담격", https://www.seoul.co.kr/news/newsView.php?id=20220714029008 2024년 2월 12일 검색.

조경의 용어를 나를 탐구하고 수동적인 수상록이 아닌 적극적으로 그동안 조경을 공부한 노력을 글로 펼쳐보고자 했습니다. 몽테뉴는 "이 에세이들은 나의 변덕스러운 생각이요, 그것들을 통해 내가 하려는 것은 사물에 대한 지식을 주는 것이 아니라 나에 대해 알게 하려는 것이다."[2] 라고 했습니다. 필자는 결국 이 조경 용어 에세이를 통하여 조경에 대한 지식보다는 나 자신을 이해하려 한 것일지도 모릅니다.

지난 해 우연히 〈와인을 위한 낱말 에세이〉라는 제목의 책을 구입하였습니다. 재미있게 책을 읽다가 책 제목에 '와인' 대신 '조경'을 대입해보면 어떨까 하는 생각을 해 보았습니다. 이 책 〈조경을 위한 용어 에세이〉는 그렇게 기획되고 집필이 시작되었습니다. 이 책에 인용된 용어들은 대부분 지금까지 제가 쓴 책에서 선별하였습니다. 조경을 위해 반드시 알아야 할 용어는 아주 많지만 그 중에서 필자가 중요하다고 생각한 60여 개의 주제를 골라 글을 고치고 새로 썼습니다. 독자들의 이해를 돕기 위해 용어마다 주제와 관련된 사진도 함께 넣었습니다.

〈조경을 위한 용어 에세이〉는 대학의 조경학과 신입생을 위하여 쓴 책이지만 일반 시민들께서 교양으로 읽으셔도 좋습니다. 모든 오해는 언어의 몰이해에서 비롯됩니다. 조경도 마찬가지입니다. 조경에 대한 초급의 용어를 제대로 이해한다면 조경 전문가가 되기 위한 고급의 공부가 아주 쉬워질 것입니다. 조경학을 가르치면서 전문가와 조경 입문자가 서로 소통할 수 있는 용어가 필요하다고 느꼈습니다. 이 책의 용어들이 조경 전문가가 비전문가가 서로 소통하는 데 도움이 되었으면 합니다. AI 시대에 조경 분야에서도 "소통될 수 있는 용어만이 가치가 있는 시대이며, 전문용어는 모두의 것"[3] 이어야 한다고 생각합니다.

2 '집단적 우리'가 아닌 '정신적 개인'의 탄생…번역만 15년, 몽테뉴 '에세' 완역본 출간, https://m.khan.co.kr/culture/book/article/202207101301001#c2b 2024년 2월 12일 검색.
3 「아름다운 우리말 의학 전문용어 만들기」 저자 인터뷰 http://www.snuh.org/board/B003/view.do?bbs_no=2054&searchKey=all&searchWord=&pageIndex=2 2024년 2월 11일 검색

저자는 몇 분께 특별히 감사드립니다. 먼저 <와인을 위한 낱말 에세이>를 출판해 주신 김대표께 감사드립니다. 다음으로 유럽과 싱가포르의 최근 정원과 나무 사진 자료를 제공해 준 조경계획연구실 제자 대학원생 최민지, 학부생 김은지 그리고 존경하는 후배 김종용 박사에게 고마움을 전합니다. 저자를 믿고 이 책을 출판하여 주신 <박영사> 관계자분들 고맙습니다. 끝으로 가족의 기도 덕에 또 한 권의 책을 마무리 할 수 있음에 감사드립니다.

2024년 봄
계명대학교 공과대학 7305호 조경계획연구실에서
김수봉 씀

조경을 위한 **용어** 에세이

랜드스케이프

* 사진 자료: 야곱 판 루이스달, 유태인 묘지, 1668-1669, 캔버스에 유채, 84x95cm
https://www.christiantoday.co.kr/news/348858 2024년 2월12일 검색.

랜드스케이프 (풍경)

조경(Landscape Architecture)은 풍경(Landscape)을 기반으로 탄생하였다. 조경의 이해를 위해서는 반드시 랜드스케이프에 대한 이해가 필요하다. 필자는 조경학을 처음 배우는 학생들이나 일반 시민들을 위해 그림을 전공하신 여러 선생님들의 글을 참고하여 조경학의 관점에서 랜드스케이프를 한 번 설명해보려고 한다.

랜드스케이프, 風景(풍경)은 우리에게 風景畵(풍경화, Landscape Painting)로 친근한 이름이다. 풍경화가 탄생하던 17세기 유럽은 르네상스의 고전주의를 뒤로 하고 사회적, 정치적, 종교적, 문화적으로 상당한 변화를 겪었고, 이러한 변화는 예술과 과학 분야의 놀라운 변화로 이어졌다. 르네상스 미술의 중심지였던 이탈리아가 쇠퇴하고, 영국, 프랑스, 스페인, 네덜란드, 벨기에 등과 같은 신생국들이 새로운 유럽 문화의 중심지로 부상했다. 고전주의 미술이 조화, 균형, 완결성 등을 지향해 양감, 광채, 동감에 호소했다면, 당시의 바로크 화가들의 그림은 "빛나는 색채, 음영과 질감의 풍부한 대비 효과, 자유롭고 표현적인 붓질"[1] 등 비고전적, 동적, 남성적, 심한 과장적 특징들을 보였다. 이 시대의 과학자들은 역학, 천문학, 생리학 등 여러 분야에서 정교한 근대적 탐구 방법들을 고안해 과학 혁명이라는 커다란 성과를 이룩했다. 과학 분야에서 이룩한 과학적 성과들은 바로크 예술을 장식하는 주제가 되었다. 바로크시대는[2] 종교개혁의 영향으로 약화된 현실 세계의 가치, 인간의 감정과 상상력 등에 대하여 종교단체의 존재에 대한 반발 혹은 종교와 연관된 미신과 초자연적인 현상을 거부하는 반종교적인 입장에서 받아들였다. 아울러 수공업과 상업에 바탕을 둔 부르주아로 불리는 상인계급들이 과거 귀족들의 경제적 수준에 버금가는 부를 이루었고, 이들이 절대 군주를 지지하기 시작하였다. 상인계급들은 화려하고 장식적인 바로크 예술 형태를 권력의 상징으로

---

1 https://porintelligence.tistory.com/128 2014년 2월 12일 검색.
2 https://ko.wikipedia.org/wiki/%EB%B0%94%EB%A1%9C%ED%81%AC 위키 백과 바로크 참고.

간주하였다.

이 무렵 바로크 화가[3]들의 그림과는 전혀 다른 그림을 그리는 화가들이 네덜란드 북부를 중심으로 탄생했다. 그들에 의해 새로운 회화 장르인 풍경화와 정물화가 탄생했다. 이전에는 종교화나 초상화의 배경 그림으로 존재했던 풍경과 정물이 사랑받는 그림의 주제로 등장한 것이다. 풍경화의 탄생에는 르네상스와 종교개혁을 거치며 확장된 인간의 인식이 큰 역할을 했다. 사람들의 관심이 눈에 보이지 않는 신이나 신화 속의 인물보다는 눈에 보이는 왕이나 귀족, 부유층에서 평범한 시민들에게로 옮겨갔고 더 나아가 주변의 동식물이나 사물 그리고 풍경으로 그 관심이 확장되었다. 당시 경제력을 바탕으로 세력이 성장했던 시민계급들은 그들의 집 안을 자신들이 소유한 부동산이나 귀한 물건 혹은 정물이나 풍경을 주제로 하는 그림으로 장식하기를 원했다. 이는 종교개혁 이전 초상화 등으로 연명하던 당시 화가들의 배고픔을 채워줄 수 있었다. 이러한 시대 상황은 중세의 신과 르네상스의 인간을 넘어선 인간을 둘러싼 자연과 사물을 그리는 '풍경화'를 탄생시켰다. 당시 풍경 화가의 임무는 그림을 주문한 고객의 부동산을 돋보이게 그리는 것이었다. 이 시대 최고의 풍경 화가였던 네덜란드 하렘 출신 화가 야콥 판 루이스달(Jacob van Ruisdael)은 평생 그가 살았던 마을의 풍경과 바다풍경 그리고 사소하다고 여겨지는 구름과 부러진 나무와 폐허, 연못이나 풍차, 석관 등과 같은 것까지 화폭에 담았다고 한다. 부러진 나무와 거친 물살은 삶에 도사리는 위험을, 석관은 죽음을, 폐허는 과거의 영화를, 먹구름은 불안과 두려움을 각각 상징[4]한다고 한다. 루이스달의 풍경화는 "네덜란드에서 접할 수 있는 모든 풍경 요소들을 다 모았다. 그는 단순히 대상을 사생하는 데 그친 것이 아니라 자연세계를 시적이며 때로는 드라마틱하게 표현하는 등 자신만의 시각으로 형상화하는 데에 힘썼다."[5] 괴테(Johann Wolfgang von Goethe)는 루이스달의 작품을 "완벽한 상징주의"를 구현한 시인이라고 격찬했다. 컨스터블(John Constable)은 루이스달의 그림을 "우리가 진정으로 그림의 뜻을

---

3 바로크와 야곱 반 루이스 달은 https://blog.naver.com/seongrok123/220309017990 서성록의 미술 이야기를 참고하여 작성. 2024년 2월 12일 검색.

4 서성록의 미술 이야기, https://www.christiantoday.co.kr/news/348858 2024년 2월 12일 검색.

5 서성록의 미술 이야기, https://www.christiantoday.co.kr/news/348858 2024년 2월 12일 검색.

이해하지 않는 한 우리는 아무 것도 볼 수 없다"고도 하였다.[6] 괴테나 컨스터블은 루이스달의 회화가 표면적으로는 풍경화의 형식을 취하지만 상징적 이미지를 통하여 심오한 이야기를 들려주고 있음을 알고 있었다. 이제 풍경화는 더 이상 초상화의 배경 그림이 아니라 새로운 회화의 장르로 자리를 잡게 된다.[7]

인간에 비해 자연의 모습이 미술의 주제로 받아들여진 것은 거의 모든 문화권에서 비교적 늦었다. 풍경화가 차지하는 중요도가 동양에 비해 서양의 역사에서는 상대적으로 미약했다. 서양의 풍경화는 인간이나 동물, 인간 문화의 각종 산물인 집, 다리, 수레와 같은 것은 화면에 전혀 등장하지 않고 자연 경치만이 그림의 주제가 되었다.[8] 여기에서 자연(nature)이라는 것은 인간의 손길이 전혀 닿지 않은 원생 자연(wilderness)의 개념이 아니었다. 이것은 오히려 인간의 의도와 의지에 의해 많은 변화를 겪어 내용상으로는 극도의 인공상태에 있지만, 외견상으로 원생 자연을 연상하는 농촌, 산촌, 어촌의 농토, 마을, 목장, 과수원, 그리고 각종 정원 등과 같은 문화적 환경, 즉 풍경과 잘 부합되는 개념이다. 17세기 네덜란드에서 풍경화가 발달했지만, 유럽 전 국토에서 풍경화가 대중의 주목을 받기 시작한 것은 프랑스의 바르비종파, 그리고 영국의 '윌리엄 터너'와 '컨스터블'이 등장하는 19세기에 들어서였다. 특히 19세기 풍경화를 보면 대도시, 공장 등과 같이 내용이나 외견상으로 분명한 인공적인 문화화 된 풍경을 주제로 한 그림으로 보편화되는 경향이 강하게 나타난다. 이는 19세기 사회적 현실과 함께 과학적이며 객관적인 현실의 관찰이라는 사실주의의 태도로 볼 수 있다.

근대 풍경화가 새로운 시각으로 바라본 자연은 지금까지 인간의 배경으로서의 자연이 아니라 그곳에 독자적인 법칙과 질서, 그리고 미가 있는 실재적인 자연이다.[9] 이런 자연에 대한 시각의 확대는 예술 관념의 확대와 더불어 예술이란 무엇인가?라는 질문에 기초적인 해답도 얻지 못한 채 종교적인 수용이나 특권층의 주문에 장인 역할을 했

6 서성록의 미술 이야기, https://www.christiantoday.co.kr/news/348858 2024년 2월 12일 검색.
7 서성록의 미술 이야기, https://www.christiantoday.co.kr/news/348858 2024년 2월 12일 검색.
8 마순자, 2003, 자연, 풍경, 그리고 인간, 서울: 아카넷.
9 풍경화와 풍경사진의 의미, https://m.blog.naver.com/ksw5053/10018199983 2024년 2월 12일 검색.

던 종래의 예술에서 탈피하여 예술의 자유라는 새로운 가치를 이끌어 냈다. 랜드스케이프, 풍경은 '그림과 같은 정원'을 만들었던 영국 풍경식정원(Landscape Gardening)이라는 스케치에서 시작하여 미국에서 조경(Landscape Architecture)이라는 구체적인 그림으로 완성된다.

조경을 위한

용어 에세이

조경

조경

조경(造景)은 영어 Landscape Architecture(풍경 + 건축)의 번역어다. 건축을 의미하는 영어 단어 'Architecture', 즉 라틴어 'architectura'는 건축가(설계)를 의미하는 그리스어 'ἀρχιτέκτων arkhitekton'에서 유래했다. 이는 '최고 권위자(ἀρχι-)'와 '건축가(노동, τέκτω)'라는 의미가 합쳐진 것이다. 결국 건축가란 최고의 물건을 만드는 노동자를 말한다. 또 다른 의미의 건축은 예술, 과학, 기술, 인간성에 관한 지식 혹은 도시설계와 조경 등의 거대 스케일에서 건축의 세밀한 부분과 가구의 미세한 수준에 이르는 설계 활동을 말한다. 미국 조경의 아버지 옴스테드(Fererderick Law Olmated)는 풍경을 만드는 예술, 과학, 기술에 관한 지식과 인간성을 갖춘 최고의 노동자를 landscape architect(조경사)라고 칭하고, 그 풍경을 설계하는 업을 landscape architecture(조경)라 불렀다.

19세기 당시 옴스테드가 활동하던 시대 미국의 경우 랜드스케이프 아키텍처라는 말에는 '정원(庭園)의 대중화'라는 의미가 강하게 포함되었다. 이러한 의미의 밑바탕에는 전통적인 정원, 즉 어느 특정한 개인을 위한 정원 만들기를 초월하겠다는 프레데릭 옴스테드(F. L. Olmsted)의 강한 의지가 반영되었다. 1850년 옴스테드는 세계 최초의 시민 공원으로 알려진 리버풀 인근의 버컨헤드파크를 방문한 뒤 공원은 '시민의 정원'이자 민주주의를 실천하는 장소라는 신념을 갖게 된다. 일본의 경우 다이쇼(大正(1912-1926)) 시대 중반 여러 학자들은 랜드스케이프 아키텍처를 조원(造園)이라고 번역하였다. 당시의 일본의 번역자들이 미국 조경이 가진 실용성에 주목하여 조원이라는 용어를 창조했다. 당시 일본의 번역가들은 생활환경이라는 의미의 '정(庭)'이 가지지 못하는 의미를 실용성을 강조하는 '원(園)'에서 감지했던 것 같다.[1]

---

1 김수봉, 2021, 도시풍경의 이해, 서울: 문운당, pp.18-20.

어느 시인의 말처럼 풍경은 인간의 눈으로 자연을 바라 볼 때 비로소 발견된다. 서양 풍경화 전통을 개척한 '낮은 땅'이라는 의미의 네덜란드는 해수면보다 낮은 국토를 개간해 튤립 중심의 화훼 농업을 발달시킨 나라다. 풍경화에 풍차와 함께 자주 등장하는 고즈넉한 네덜란드 농촌은 인조 환경으로 처음 조성되었던 것이 경관으로, 다시 풍경으로 변한 모습이다.[2] 조경(Landscape Architecture)에서의 영어의 landscape는 네덜란드어 landscap에서 유래했다. 접미어 'scap'은 영어의 'ship'처럼 어떤 말을 추상명사화 시킨다. friend(친구)에 ship이 붙어서 친구가 더 친구다운 friendship (우정)이라는 의미로 바뀌듯이 land에 scap이 붙어서 만들어진 'landscape'는 'landship', 즉 '대지(大地)가 더 대지다운 상태'를 나타낸다. 일본의 풍경학자 나카무라 요시오(中村良夫) 교수에 따르면 풍경이란 두 발을 딛고 선 인간의 시점에서 바라본 땅의 모습이지 비행기나 인공위성에서 바라본 모습이 아니라고 했다.[3] landscape가 풍경화를 의미하기도 하는데 대지가 대지다운 상태라는 것은 객관적인 대지(景觀)가 아니라, 대지에 대해 우리가 갖는 심정이고 표상이다. 경관이라는 용어는 다분히 시각적 경관을 주로 의미하는 것으로 보인다. 경관이라는 한자어에도 시각적 의미가 중시되어 있긴 하다. 경(景)은 '하늘 위 해(日)의 높이에서 바라보는 서울의 모습'을 의미하는 것으로 매우 중세적인 시점 같다. 나카무라 교수에 따르면 '공중에서 본 지상의 모습(景觀)은 만물의 정확한 배치를 투영해 주지만 평면적인 재미가 없으나, 지상에서 직접 바라보는 지상의 모습(風景)은 시점의 위치에 따라 변환이 자유롭고 불안전하며 믿을 수 없지만 깊은 맛이 있다.'고 했다. 하늘에서 바라보는 시점인 경관은 보편적인 신의 세계상을 보여 주지만, 지상의 시점에는 그 장소만이 갖는 인간의 시선, 즉 풍경이 반영된다. 르네상스 시대에 인간의 시점에서 바라본 그대로의 주변 모습을 묘사하는 투시도 기법이 유행했다. 투시도법이라고도 하는 선 원근법은 3차원의 대상물을 평면에 그리고 입체성과 원근감을 명확히 포착하는 기법으로 르네상스의 정신인 인간의 부흥과도 일맥상통하는 점이 있었을 것이다. 이탈리아 르네상스 시기의 건축가 브루넬레스키에 의하여 1410년부터 본격적으로

---

2   성종상, 한국인의 마음풍경 https://www.lafent.com/mbweb/news/view.html?news_id=118068&mcd=A01 2024년 1월 15일 검색.

3   나카무라 요시오, 2008, 풍경학 입문(김재호 번역), 도시출판 문중.

사용되기 시작하였다. 피렌체의 많은 화가들과 학자의 실험과 시행을 거쳐 화가 우첼로에 의하여 어느 정도 체계화되어 15세기 무렵부터 이탈리아 각지에 보급되었다고 한다.

 이처럼 비행기를 타고 바라보는 장대하고 멋진 신의 시점인 경관은 조금만 지나면 금방 지루해진다. 지상의 풍경은 인간을 압도하는 법은 없으나 대신 평생을 바라보아도 지루함이 없다. 이러한 차이는 하늘에서 바라보는 지형의 객관적인 형상보다는 지상의 풍경은 윤곽선의 출현과 곡률의 왜곡에 의해서 지형의 모습을 강조하기도 하고 지워버리는 것처럼 특징적인 일면이 부각될 때 비로소 생동감 넘치는 풍경이 나타나기 때문이다. 공간의 정기 넘치는 왜곡과 풍요로운 원근 감각이라고 하는 투시상의 특유의 두 가지 사실이야 말로 인간의 시점에 약속된 풍경의 특색이라고 나카무라 교수는 강조하고 있다. 성종상 교수는 '원래 바람을 뜻하는 '풍(風)'이라는 글자에는 지역마다 달리 지니고 있는 고유한 특징을 의미하기에 풍경이라는 말에는 자연과 사람이 빚어 낸 특색, 곧 문화적 의미가 중요하게 깔려 있는[4] 근대적인 관점이라고 했다.

 일본과 중국의 건축, 조경, 토목 분야에서 흔히 쓰이는 표현으로, 건물을 세워놓고 십 년을 가꾸면 경관이 되고, 경관을 백년 넘게 보존하면 풍경이 되며, 풍경이 천년을 견디면 풍토가 된다는 뜻으로 "경관 십년, 풍경 백년, 풍토 천년"이라는 말이 있다. 결국 조경은 경관을 가꾸고 보존할 풍경을 조성하고 마침내 풍토를 남기는 건설업이다. 랜드스케이프가 중세의 경관(神)을 지나 르네상스적 개인의 풍경(個人)을 초월하는 것이 造景이다. 에크보(Garret Eckbo)는 1969년에 쓴 그의 저서의 이름을 〈The Landscape We See〉라고 하였다. 그는 책에서 풍경에 있어서 디자인 역사의 대부분은 특별한 사람들을 위한 특별한 요소의 역사라고 주장하였다. 현대를 사는 우리는 민중을 위한 전체의 풍경 디자인(토탈 디자인)이라는 관점에서 고려해야 할 필요가 있음을 제안 했다.[5] 그는 풍경을 인간과 환경 사이에 성립하는 관계성으로 이해했다.

 신(혹은 왕)이 그저 바라보는 경치(혹은 경관, 중세)나 인간의 관점에서의 본 풍경(르네상스)이 아니라 '우리 모두를 위한 풍경을 조성'하는 것이 바로 조경이다. 조경의 탄

---

4 성종상, 한국인의 마음풍경 https://www.lafent.com/mbweb/news/view.html?news_id=118068&mcd=A01 2024년 1월 15일 검색.
5 ECKBO, GARRETT, 1969, The Landscape We See, New York: McGraw-Hil.

생이 근대라는 시대와 관련이 있다고 볼 때 조경은 Landscape Architecture보다는 Landscape Design이라는 표현이 더 적절하다고 생각된다.

그럼에도 불구하고 조경이라는 용어에 천착하기보다는 기후 변화의 시대에 조경이 할 수 있는 일은 무엇이여, 조경은 시대가 요구하는 사업을 수행할 능력을 갖추었는지를 우리 스스로에게 묻는 것이 우선일 것이다.

조경을 위한

용어 에세이

정원

정원

정원은 닫혀있는 공간이다. 영어 garden은 주택의 바깥뜰이라는 야드(yard), 코트(court) 그리고 라틴어 hortus(정원, 즉 원예와 과수원)는 그 어원이 같으며 닫혀있다는 의미다. 우리나라에서 일반적으로 쓰는 정원(庭園)이라는 용어는 일본사람들이 영어 가든(garden)과 프랑스어 자흐댕(jardin) 그리고 독일어 가르텐(Gatren) 등을[1] 번역한 용어다. 우리나라의 경우 정원학회에서 한때 정원(庭苑)이라는 용어를 썼으나, 일반적으로는 우리나라에서 서양의 가든(garden)을 이야기할 때는 정원(庭園)이라는 용어를 사용하고 있다. 용어란 전문분야에서 주로 많이 사용하는 말이기 때문이다. 우리나라에서의 정원(庭園, garden)이란 단어는 그 역사가 그리 오래된 말이 아니다. '庭園'은 19세기 후반 메이지 초기 일본의 학계에서 사용되기 시작한 이래 우리나라 국어사전[2]에도 올라 있는, 한국과 일본의 현대 일상용어다. 중국에서는 정원(庭園)보다는 '원림(園林)'이란 용어를 일반적으로 쓰고 있다. 옛날에는 정원을 나타내는 한자어로 포(圃)나 원(園)·유(囿)·원(苑) 등의 용어가 많이 사용되었는데, 정원을 구성하는 주된 요소가 식물 중심이면 포(圃)나 원(園)을, 동물들을 기르거나 사냥과 같은 행위가 수반되는 공간에는 유(囿)나 원(苑)이란 한자를 주로 사용했다고 한다. 일본의 경우 한편으로는 유럽에서 사용하는 가든(garden)을 '식물을 재배하기 위해 울타리를 친 장소'로서 '채소의 재배 혹은 가축을 기르기 위하여 주위를 둘러싼 토지'이며 기능적인 측면을 강조하는 한자어 원(園)에 해당된다는 주장[3]이 있었다. 또 다른 한편으로 유럽의 가든(garden)은 티그리스·유

1 이탈리아어 giardino(자르디노) 그리고 스페인어 jardin(하르딘)
2 정원(庭園)이라는 단어는 일본인들이 19세기 후반에 만들어낸 말이다. 한국은 과거에 주로 중국어 원림(園林), 임천(林泉), 성원(庭院) 능으로 불렀고 일제 강점기에 정원(庭園)이라는 단어가 도입되었다. 사전적 정의로는 '미관이나 위락 또는 실용을 목적으로, 주로 주거 주위에 수목을 심든가, 또는 이 밖에 특별히 조경이 된 토지'를 말한다. <위키백과사전>
3 石川 格, 1978, 造園學, p.10.

프라테스강 유역의 메소포타미아와 나일강 유역의 이집트에 그 기원을 두고 있으며, 이곳에서 BC 3,000경에 한자어 '정(庭)', 즉 오늘날의 생활환경에 해당하는 garden이 생겨났다'고 주장했다[4]. 그리고 성서에도 에덴동산(Garden of Eden)은 '푸른 수목과 관목으로 둘러싸인 녹음과 위안을 위한 장소[5]라고 기술되어 있으며 에덴이라는 의미는 기쁨, 즐거움이라는 뜻인 수메르어 에디누(edinu 평지)에서 유래한 것[6]이다. 따라서 서양의 가든은 "庭"과 "園" 두 가지의 의미를 동시에 가지고 있는 단어이기 때문에 일본사람들은 영어 가든(garden)을 정원(庭園)이라고 번역하여 불렀다.

이들 한자에서 흥미로운 점은 포(圃)나 원(園)·유(囿)의 경우와 같이 글자들이 모두 '큰 입 구(口)'를 부수로 한다는 사실이다. '구(口)'는 담을 싼다, 둘러싼다는 의미이므로, 동양문화권에서의 정원이란 의미에는 담을 쌓아 공간을 주변으로부터 독립시킨다는 행위가 본질적으로 내포되어 있음을 알 수 있다. 이러한 점은 서양에서도 똑같이 발견된다. 영어의 'garden'은 히브리어의 'gan'이란 단어와 'oden' 또는 'eden'이란 말의 합성어인데, gan은 울타리 또는 에워싼다는 뜻을 함축한 보호나 방어의 의미를 담고 있으며, oden이나 eden은 즐거움이나 기쁨이라는 어의를 가지고 있다고 한다. 또 그리스말 파라데이소스(παράδεισος), 즉 영어의 파라다이스(paradise)도 '둘러싼다'는 의미의 'pairi'와 '형태를 만든다'는 'diz'라는 고대 페르시아 말인 파이리-다에자(pairi-daeza)에서 유래하였다.[7] 페르시아사람들에게 파이리-다에자는 사방이 둘러싸인 녹음이 짙고 물이 풍부한 사냥터 혹은 정원을 의미했다. 요컨대 정원이라 함은 동양이든 서양이든 봉건 및 르네상스시대를 배경으로 일인 혹은 소수의 권력자들이 자신을 위해 한정된 공간을 길들이고 조성하는 예술적 행위였다.

4 우에쓰기, 1981, 조경의 풍경구조론적 연구, 일본교토대학 박사논문.
5 Rohode, 1967, Garden Craft in Bible.
6 김수봉 외, 2008, 에덴동산에서 도시공원까지 조경변천사, 문운당, p.31.
7 pairi(주위)+ diz(만들다) http://www.etymonline.com/index.php?search=paradise 2024년 1월 15일 검색

조경을 위한

용어 에세이

중국정원

중국정원

중국에서는 정원을 원림(園林)이라고 부르며, 유교적 위계질서에 구속된 건축과는 달리 원림은 도가의 원리인 자연으로 들어가는 중요한 방편이었다. 중국의 원림도 서양과 마찬가지로 당시 사람들이 꿈꾸던 이상향의 축소판이었다.

중국은 넓은 영토와 그 역사만큼이나 다양한 정원이 조성되어 왔으며, 그 수도 헤아릴 수 없을 정도로 많다. 그래서 중국정원은 크게 북경 주변의 황실(皇室)정원과 강남 지역의 사가(私家)정원으로 나눌 수 있다. 왕실정원은 황제의 피서(避暑)·피한(避寒)·요양을 위한 알함브라의 헤네랄리페와 같은 이궁(離宮)역할을 하였기 때문에 승덕(承德)의 피서산장(避暑山莊)처럼 상당히 화려하고 웅장하였다. 그러나 왕실정원과는 달리 국가의 녹을 먹던 많은 관리들은 사임 후, 말년에 고향으로 돌아가거나 수려한 경관이 어우러져 있는 산수에 묻혀 여생을 즐기는 것이 하나의 관습처럼 되어 왔다. 사대부의 성격이 정원에 반영된 사가정원은 화려하고 웅장하기보다는 고상한 정취가 넘치는 것을 중히 여겼다.[1] 유명한 사가정원은 이를 노래한 시문(詩文)들이 수없이 지어져 자연적으로 그 영향을 입은 정원양식이 점차 정립되어 왔다. 그 꾸밈새는 명·청시대에 이르러 가장 잘 정립된 형태를 보이게 된다.

특히 중국 강남 지역은 산수경관이 수려하고 기후가 온화하며 물산이 풍부하고 전통적으로 상업이 발달하여 거상들과 문인 그리고 은퇴한 관료들이 많이 거주하였다. 강남의 경우 버드나무가 무성하고 아름다운 수경을 자랑하는 양주(揚州)에도 많은 원림이 있으나 특히 소주(蘇州)에는 당, 송, 명, 청조를 거치면서 많은 정원이 만들어졌다. 그 중에서도 졸정원과 사자림, 유원, 창랑정의 4곳이 중국 4대 명원(名園)으로 알려져 있다. 소수의 정원은 단체로 세계문화유산에 등록 되어있다.

---

1 김수봉 외 3명 공저, 2003, 환경과 조경, 학문사, p.97.

4대 명원 중에서 가장 유명한 졸정원(拙政園)은 1506년 명나라 관료 왕헌신이 축조한 명나라의 대표적인 정원으로서 1997년 세계 문화유산으로 등록된 소중한 정원이다. 졸정원이란 어리석은 정치를 하는 사람의 정원이란 뜻[2]으로 수면이 전체 면적 51,570㎡ 의 약 35%를 차지하여 물과 나무의 정원이라 불린다. 최부득 교수[3]에 따르면 졸정원은 전체적인 배치가 적절하게 조화되어 있고 물 공간의 이용이 극대화되어 있으며 작은 정원의 배치, 즉 공간을 숨기고 노출시키는 허와 실의 대비효과 등을 통해서 풍부한 경관을 취하는 소주원림의 특징을 잘 보여주고 있다고 한다. 1997년 유네스코 세계문화유산에 등록되었다.

  졸정원이 명나라의 대표적인 정원이라면 사자림(獅子林)은 원나라의 대표적인 정원이다. 1342년 무여선사(無如禪師) 유칙이 스승 중봉화상을 위해 축조한 사찰원림으로 괴석을 과도하게 이용하여 돌과 나무의 정원이라 불린다. 은사가 거처하던 절강성 천목산 사자암에서 이름을 빌려와 사자림이라고도 하고, 사자모양을 하고 있는 괴석이 많아 사자림이라 명명되었다고도 전한다. 정원은 당시 원나라의 유명한 화가이자, 시인이며 조경전문가인 예찬(倪瓚)이 설계를 하였다고 한다. 2000년 유네스코 세계문화유산에 등록되었다.

  세 번째 정원은 4대 명원 중 가장 오래된 정원인 창랑정(滄浪亭)으로, 이는 오월국(吳越國) 광릉왕의 개인정원이던 것을 북송의 시인 소순흠(蘇舜欽)이 정원을 매입하여 물가에 창랑정이라는 정자를 짓고 별장으로 사용하였다. 정원 면적은 그리 넓지 않은 1만㎡ 규모지만 전체 분위기와 정원의 구조는 조화롭고 간결한 양식에다 고풍스런 분위기를 느낄 수 있다. 한편 창랑정에는 108종류의 정원 장식용 창문양식이 있는데 그 디자인이 아주 다양하여 소주정원 창문양식의 전형이라고도 불릴 정도다.

---

2 졸정원(拙政园)이란 이름은 서진(西晉)의 학자 반악(潘岳) <한거부(閑居賦)>에 나오는 말로 '此亦 拙者之爲政也(차역졸자지위정야)', 즉 '졸자(拙者)가 정치를 하는구나'라는 구절에서 따왔다고 한다. '拙'이란 말은 '졸저(拙著)', '졸고(拙稿)' 등의 경우와 같이 자신을 스스로 낮추는 경우에 쓰는데, 이 거대하고 아름다운 정원을 낮추어 부르는 의미이다. (위키피디아 참고)
3 최부득, 2008, 건축가가 찾아간 중국정원, 미술문화, p.47.

창랑정은 전국시대 굴원(屈原)의 시에 등장하는 어부의 창랑지수(滄浪之水), 즉

    滄浪之水淸兮(창랑지수청혜) 창랑의 물이 맑으면
    可以濯吾纓(가이탁오영) 갓끈을 씻고,
    滄浪之水濁兮(창랑지수탁혜) 창랑의 물이 흐리면
    可以濯吾足(가이탁오족) 내 발을 씻으리라.

에서 그 이름이 유래하였으며, 2000년 유네스코 세계문화유산에 등록되었다.

마지막으로 명나라 시대에 건립되기 시작한 유원(留園)은 후에 개축되어 청나라의 대표적인 정원으로 받아들여지고 있다. 유원의 원림은 중앙, 동, 서, 북 등 네 공간으로 분리되고 갖가지 모양의 화창(花窓)을 만들어 넣은 것이 특징이다. 유원은 기석과 정자, 고목의 배치가 적절한 조화를 이루며 그 면적은 3만㎡다. 중앙 부분은 원래 한벽장(寒碧莊)이 자리했던 곳이고, 사람들은 이를 유원이라고 불렀다고 하며 원림의 바깥 세부분은 확장하여 지은 것이다. 동쪽 원림의 관운봉(冠云峰)은 큰 덩어리의 태호석(太湖石)으로 이루어져 있는데, 그 높이가 6.5m, 무게가 약 5톤으로 소주원림 중에서 가장 큰 태호석이라고 한다. 유원은 1997년에 세계문화유산으로 등록되었다.

한편, 중국의 정원은 세계조경사의 입장에서 볼 때, 비정형적인 범주에 속한다. 궁원의 중정에서는 중앙 축선을 중심으로 하여 좌우대칭인 정원을 만든 경우도 있지만, 중국정원사를 통해 인식되어지는 하나의 원리는 비정형이다. 자연에는 대축척의 정형이 나타나지 않기 때문에 그 점에서 중국정원도 자연을 토대로 한 것이라 말할 수 있다. 중국정원에서 본래 그대로의 자연 외에, 그것을 기초로 하여 발달한 산수화 및 시구와도 깊은 관련을 맺고 있다.[4]

중국정원이 다른 나라의 정원과 다른 하나의 특색은 자연적인 경관을 주 구성 요소로 삼고 있기는 하지만, 경관의 조화에 주안을 두기보다는 대비(contrast)에 중점을 두었다는 점이다. 인공미의 극치를 이룬 건물이 자연적인 경관과 대치하고 있다는 점 이외에도 기하학적인 무늬로 꾸며진 포지(鋪地) 바로 옆에 기암이 우뚝 서고 동굴이 자리한다든가 석가산 위에 세워진 황색기와(黃瓦)와 홍색기둥(紅柱)으로 장식된 건물 등 정원

---

4   岡崎文彬, 1981, 造園の歷史(Ⅱ), 同朋舍出版, p.391

의 국부적인 면에서도 강한 대비가 나타난다. 또한 축척의 관점에서 보면, 영국의 풍경
식 정원은 항상 자연과 '1:1'의 비율로 축조되고, 일본의 경우는 '10:1' 또는 '100:1'이라는
비율로 축소되어 축조되었다. 중국정원의 경우는 하나의 정원 속에 부분적으로 여러
비율로 꾸며 놓았다는 것이 특징이다. 이러한 점은 중국식 정원에서 조화보다는 대비
를 한층 더 중요시하고 있는 것임을 알 수 있다.[5] 따라서 강남원림에 나타난 중국 정원
의 공통적인 특색은 정원이 자연적인 풍경을 주요 구성요소로 삼고 있으나 경관의 조
화를 중요시하기보다는 경관의 대비에 중점을 두고 있다는 사실이다. 인공미의 극치를
이룬 건물 또는 교량이 자연적인 경관과 대치하고 있으며, 정원에 부분적으로 사용한
괴석과 기하학적 무늬로 포장된 바닥은 대조적인 구성을 이루고 있다.

---

5 岡崎文彬, 1966, 圖說造園大要, 養賢堂, 63.

조경을 위한

용어 에세이

일본정원

일본정원

일본의 조경기법은 우리나라의 경우와 마찬가지로 중국 임천의 영향을 크게 받았다. 즉 불교 사상의 전파와 같은 경로로 백제를 중개지로 하여 신선설에 입각한 조경기법이 이론으로 전해졌다고 하는데, 특히 《일본서기(日本書紀)》〈스이코천황[推古天皇] 20년조〉에 다르면 일본의 궁실 남정(南庭)에 수미산(須彌山)을 쌓아올리게 하고, 사닥다리 모양의 계단인 구레하시(吳橋)를 만들게 했다는 기록이 남아 있는데, 이 사실을 일본학자들도 일본 정원의 시초라고 이야기한다.

그 뒤 초기 비조(飛鳥: 아스카)시대 정원에 연못과 섬을 중심 요소로 만들어진 임천식정원(林泉式庭園)이 더 발달되어 생겨난 양식인 회유임천식정원(回遊林泉式庭園)이 발달하였는데 14세기에는 축산고산수법(築山枯山水法)이 등장하여 물을 쓰지 않으면서도 하천의 고상하고 우아한 멋을 정원 안에 감돌게 하였다. 15세기 후반에는 평정고산수법(平庭枯山水法)이 발달하여 식물을 전혀 사용하지 않기도 하였으며 16세기로 접어들면서 다정(茶庭)이라는 건물을 중심으로 하여 소박한 멋을 풍기는 다정양식이 나타났다. 그 후에는 임천양식과 다정양식이 서로 결합된 회유식정원(回遊式庭園)이 등장하여 오늘에 이르게 되었다.[1] 이렇듯 일본 정원은 서양의 정원처럼 담으로 둘러싸인 실용적인 공간에 산이나 하천 그리고 바다와 숲 등의 자연경관을 인공적으로 만들고 인간 중심적으로 관리되었다.[2] 일본 정원의 시대별 특징을 살펴보면 일본정원은 중국정원에서 깊은 영향을 받았으며, 정원의 기본원리도 중국에서 받아들였다. 그리고 일본인 고유의 독창적 성격을 표현한 솔직함과 간소함을 바탕으로 한 고유미를 정원양식에서 나타냄으로써 독자적 경지에 이르렀음을 알 수 있다.

가마꾸라(鎌倉)시대의 경우 헤이안시대와 같은 정토식 지천(池泉) 정원이 계속 나타나

---

1 윤국병, 1993(1978 초판발행), 조경사, 일조각, pp.348-349.
2 허균, 2002, 한국의 정원-선비가 거닐던 세계, 다른세상, p.23.

며, 초기 단계에서는 지천주유식(池泉舟遊式)이었던 것이 점차 지천회유식(池泉回遊式)으로 나타났다.

서방사나 천룡사(天龍寺)는 모두 평면 구성에서는 헤이안시대 풍의 느긋한 곡선미가 남겨져 있으나, 정원 요소요소에 긴장감을 주는 있는 것은 석조기법이라 할 수 있다. 서방사는 크게 상하의 두 부분으로 나뉘는데, 아래쪽은 옛날의 서방교원(西方教院) 터로서 해안풍의 지선(池線)을 꾸며진 심(心)자형 황금지(黃金池)가 있으며, 이것은 배를 띄울 수 있는 지천주유식(池泉舟遊式) 정원이다.

무로마찌(室町)시대에 접어들면서 지형위주의 정원조성 양식에서 벗어나 바위와 돌(石)을 사용하는 경향이 두드러지면서 선원식(禪院式)의 고산수정원(枯山水庭園)이 확립된 시대로 여겨진다. 고산수의 수법은 물이나 초목을 쓰지 않고, 자연석이나 모래 등으로 자연경관(山水)을 상징적으로 표현하는 정원 기법을 말하며, 여기에는 축산(築山)고산수식과 평정(平庭)고산수식이 있다. 전자의 것은 자연석을 쌓아 폭포나 산을 형상화하였다면, 후자의 것은 평지에 모래와 자연석으로서 초감각적인 무(無)의 경지를 표현하였다.

무로마찌시대의 대표적인 고산수정원으로는 대덕사(大德寺) 대선원(大仙院) 정원과 용원원(龍源院) 정원, 용안사(龍安寺)의 방장(方丈) 정원 등이 있다.

에도(江戶)의 정원은 그 성격이나 내용에 따라, 정원 자체가 독립하여 독자적 경관을 연출하는 것과 주건축(主建築)에 종속되어 보조적인 역할을 하는 것으로 대별할 수 있다. 전자의 것은 원유회(園遊會)를 가질 수 있도록 꾸며져 있으며, 이용상 지천회유식(池泉回遊式)으로 되어 있다.[3] 회유식(回遊式) 정원은 에도시대의 초기에 활약을 한 다도(茶道)의 대가인 소굴원주(小堀遠州)에 의해 확립되었는데, 그는 주 건축물과 독립된 연못과 섬, 산을 만들고 다리와 원로(園路)를 통해 동선을 연결시켰으며, 곳곳에 다정(茶庭)을 배치하여 몇 개의 노지(露地)가 연속적으로 연결되도록 하였다. 이러한 대표적인 것으로는 가쯔라이궁(桂離宮)을 들 수 있다.

일본은 수평으로 퇴적된 지층이 횡압력을 받으면 물결처럼 굴곡된 단면이 나타나는 구조인 습곡(褶曲)이 많은 작은 섬들로 연결되어 있고, 화산이 많고 태풍과 지진의 잦은

---

3   정동오, 1992, 동양조경문화사, 전남대학교 출판부, p.409.

섬나라의 지형적 특성을 가지고 있다. 따라서 이러한 지리적, 지형적 특성들이 일본정원에 깊이 반영되었을 것이다.

결국, 일본인에게 『미』는 단순한 눈의 즐거움이나 정신의 기쁨만은 아니었다. 심리적 기능과 사회적 기능을 각기 수행하면서 또한 그것들이 하나로 합해져 있던 무엇이었다고 할 수 있다. 열정을 억제하면서 정신은 안정시키고 평온함은 본능을 조절하여 스스로를 제어할 수 있게 함으로써 그들이 바라는 이상의 경지에 이르게 하였을 것으로 여겨진다. 일본인들은 정원을 통해 사회적 구속을 잊고 지혜에 도달하였을 뿐만 아니라 국민성의 본원까지 깊이 파고 들어가 자기를 희생하기까지 하는 열정을 억제함으로써 정신 내면에 깊숙한 곳에 있는 광풍을 잠재우려 하였다.[4] 유홍준 교수는 그의 책에서 우리가 일본에게 배워야 할 것으로 외래사상을 빨리 받아들여 자기화하는 그들의 오랜 문화 창조방식과 자신들의 만들어 낸 문화를 개념화하고 형식화과정을 통해 그들의 양식을 만들어 스스로 소비하고 그것을 서양인들이 알기 쉽고 접근할 수 있게 하는 것을 그 예로 들었다.[5] 그렇다 일본인들은 그들의 정원을 개념화, 논리화 그리고 형식화시켜 세계에 널리 알렸다. 그래서 세계 정원사에 일본정원이라는 형식을 남겼다. 우리도 그들에게서 그것을 배워야 한다.

4 자크 브누아 메샹, 2005, 정원의 역사(이봉재 옮김), 도시출판 르네상스, pp.79-141.
5 유홍준, 2014, 나의 문화유산 답사기, 일본편 4, 교토의 명소, 창비, p.173.

한국정원

한국정원

한국 고유 정원 수법이 확립된 시대는 조선 시대라고 한다.

조선시대는 사회계층간의 분화가 두드러지고, 그에 따라 다양한 공간형태가 잘 나타나는 시기였다. 이 시기에는 궁원, 지방관가, 일반 민가정원, 사찰정원, 별서정원 등 다양한 정원 문화가 나타난다.

그 중에서 왕이 살던 궁궐의 궁원은 가장 커다란 규모와 조성된 사상이 잘 반영된 공간으로서, 조경적인 요소는 후원(後苑)이나 원지(園池)에 잘 나타나고 있다. 조선시대에 조성된 궁궐로서는 경복궁, 창덕궁, 창경궁, 덕수궁, 경희궁이 있는데 이를 일반적으로 5궁(宮)이라고 부른다. 5궁 가운데, 대표적인 궁원은 평지에 조성된 경복궁원과 자연 구릉지에 조성된 창덕궁원이 있으며, 평지의 경복궁원은 아무래도 인공적인 느낌이 보다 강하다. 이들 궁원은 입지 조건에 따른 한국 궁원의 대표적인 모델이라고 할 수 있다.

별서(別墅)란 별저(別邸) 또는 별업(別業)의 개념인 임천(林泉) 속의 별장을 뜻한다. 살림집에서 멀리 떨어진 산수경관이 뛰어난 곳에 마련되어 사계절 또는 한시적으로 사용되는 주거공간을 별서라 한다. 우리나라에서는 왕가의 이궁(離宮)을 위시하여 삼국시대에 귀족들에 의해 사절유택(四節遊宅)과 같은 별서정원이 나타났는데,[1] 이러한 별서정원은 유교가 성행하고 은일사상이 농후해지는 사회적 혼란이 심한 시기에 많이 나타난다. 특히, 왕조의 말이나 당쟁과 같이 사회적으로 세상이 혼돈한 시기에 유배지나 은둔지역을 중심으로 조성되거나 혼탁한 세상을 떠나 자연과 벗하면서 수려한 경관을 즐기기 위해 조성되었다. 대표적인 별서정원으로는 전남 담양의 소쇄원(瀟灑園)과 전남 해남의 보길도 부용동 정원(芙蓉洞 庭園), 전남 강진의 다산초당원(茶山草堂苑), 서울의 옥호정원(玉壺亭苑) 등이 있다.

---

1 민경현, 1998, 숲과 돌과 물의 문화, 도서출판 예경, p.51.

한국정원은 조선시대를 중심으로 조선의 궁원 중에서 창덕궁 후원과 별서정원을 대표하는 소쇄원을 중점적으로 소개한다.

창덕궁은 조선왕조 제3대 태종 5년(1405년) 경복궁의 이궁(離宮)으로 지어진 궁궐이다. 창덕궁 창건 시 정전인 인정전(仁政殿), 편전인 선정전(宣政殿), 침전인 희정당(熙政堂), 대조전 (大造殿) 등 주요 전각이 완성되었으며, 그 뒤 태종 12년에 돈화문(敦化門)이 건립되었고, 세조 9년(1463)에는 약 62,000평이던 후원을 넓혀 150,000여 평의 규모로 경역(境域)을 크게 확장하였다. 창덕궁 안에는 가장 오래된 궁궐 정문인 돈화문, 신하들의 하례식이나 외국사신의 접견 장소로 쓰이던 인정전, 국가의 정사를 논하던 선정전 등의 치조공간이 있으며, 왕과 왕후 및 왕가 일족이 거처하는 희정당, 대조전 등의 침전 공간 외에 연회, 산책, 학문을 할 수 있는 매우 넓은 공간을 후원으로 조성하였다. 정전공간의 건축은 왕의 권위를 상징하여 높게 되어있고, 침전 건축은 정전보다 낮고 간결하며, 위락공간인 후원에는 자연지형을 위압하지 않도록 작은 정자각을 많이 세웠다.

건물배치에 있어, 정궁인 경복궁, 행궁인 창경궁과 경희궁에서는 정문으로부터 정전, 편전, 침전 등이 일직선상에 대칭으로 배치되어 궁궐의 위엄성이 강조된 데 반하여, 창덕궁에서는 정문인 돈화문은 정남향이고, 궁 안에 들어 금천교가 동향으로 진입되어 있으며 다시 북쪽으로 인정전, 선정전 등 정전이 자리하고 있다. 그리고 편전과 침전은 모두 정전의 동쪽에 전개되는 등 건물배치가 여러 개의 축으로 이루어져 있다.

자연스런 산세에 따라 자연지형을 크게 변형시키지 않고 산세에 의지하여 인위적인 건물이 자연의 수림 속에 포근히 자리를 잡도록 한 배치는 자연과 인간이 만들어낸 완전한 건축의 표상이 되고 있다.

또한, 왕들의 휴식처로 사용되던 후원은 300년이 넘은 거목과 연못, 정자 등 조경시설이 자연과 조화를 이루도록 함으로써 조경사적 측면에서 빼놓을 수 없는 귀중한 가치를 지니고 있다.

후원은 창건할 때 조성되었으며, 창경궁과도 통하도록 되어 있다. 임진왜란 때 대부분의 정자가 소실되었고 지금 남아 있는 정자와 전각들은 인조 원년(1623) 이후 역대 제왕들에 의해 개수·증축된 것들이다. 이곳에는 각종 희귀한 수목이 우거져 있으며, 많은 건물과 연못 등이 있다. 역대 제왕과 왕비들은 이곳에서 여가를 즐기고 심신을 수양하거나 학문도 닦았으며 연회를 베풀기도 하였다. 창덕궁은 조선시대의 전통건축으로 자연경관을 배경으로 한 건축과 조경이 고도의 조화를 표출하고 있으며, 후원은 동양조경의 정수를 감상할 수 있는 세계적인 조형의 한 단면을 보여주고 있는 특징이 있다. 주요 조경시설은 부용정(芙蓉亭) 일대, 애련정(愛蓮亭) 일대, 반월지(半月池) 일대, 옥류천(玉流川) 일대, 낙선재(樂善齋) 후원 등 여러 가지 경계구역으로 나누어 각기 특색 있게 조성되어 있다.

특히, 옥류천 일대는 후원의 가장 안쪽에 위치하고 있으며, 옥류천을 중심으로 소요정(逍遙亭), 청의정(淸漪亭), 농산정(籠山亭), 취한정(翠寒亭), 어정(御井) 등으로 구성되어 있는 유락공간이다. E자형 곡수거와 인공폭포, 방지 등 인공적인 요소가 많은 곳이긴 하지만, 그 형태의 다양성, 비기하학적성 때문에 주위의 자연환경에 대해서나 시각적으로 어떤 거부반응을 주지 않는 깊숙하고 조용한 유락공간[2]이라 할 수 있다.

낙선재는 창덕궁 인정전 동쪽에 위치하며, 그 뒤(後苑)에는 5단으로 꾸며진 화계가 있다. 첫 단의 길이는 동서 26.4m로 가장 길며 높이는 80cm이고, 폭은 1.4m이다. 단의 폭과 높이는 각기 차이가 나며, 폭이 가장 넓은 곳은 3단(1.71m), 가장 좁은 단은 1.1m로 4단이고, 높이는 3단(60cm)이 가장 낮고 2단이 1m로 가장 높다. 화계에 심겨진 식물소재는 철쭉, 영산홍, 옥향 등으로 옥향은 근래에 잘못 식재된 것으로 파악된다.[3]

소쇄원은 자연과 인공을 조화시킨 조선 중기의 정원 가운데 대표적인 것으로서, 자연 계류를 중심으로 한 별서정원이다. 이 정원을 조성한 사람은 양산보(梁山甫, 1503-1557년)로서, 그는 스승인 조광조가 유배되자 세상의 뜻을 버리고 고향인 전남 담양으로 내려와 깨끗하고 시원하다는 뜻의 정원인 소쇄원을 지었다.

소쇄원은 정남(正南)에 무등산을 대하고, 북동쪽에서 남동쪽으로 흘러내리는 보다란 계류를 중심으로 사다리꼴 형태로 되어 있으며, 조선 명종(明宗) 3년(1648년)에 읊은 김인후(金麟厚, 1510-1560)의 소쇄원48영(瀟灑園四十八詠)에는 오늘날 보는 소쇄원의 모든 요

---

2 정동오, 1986, 한국의 정원, 민음사, pp.168-170.
3 민경현, 1998, 숲과 돌과 물의 문화, 도서출판 예경, p.220.

소가 망라[4]되어 있다. 그리고 소쇄원 안에는 영조 31년(1755년) 당시 소쇄원의 모습을 목판에 새긴 그림이 남아 있어, 원래의 모습을 알 수 있다.

소쇄원은 4,060㎡의 면적에 기능과 공간의 특성에 따라 전원(前園, 待鳳臺 일원), 계원(溪園, 光風閣 일원), 내원(內園, 梅臺 일원)으로 크게 구분할 수 있다.[5] 전원은 소쇄원의 입구인 죽림(竹林)부터 계류가 흘러들어오는 오곡문(五曲門)까지의 공간으로서, 제월당(霽月堂)과 광풍각(光風閣)에 이르는 하나의 접근 기능을 지니고 있지만, 왼편에 있는 각종 시설(上·下池와 수대, 대봉대, 소정, 주변의 수목)을 감상하면서 거닐 수 있도록 계획된 것이라 볼 수 있다.

계원은 북동각(北東角)의 오곡문(그림.) 옆 담 아래에 뚫려있는 수구(水口)로부터 시작되는 계류를 중심으로 하는 계류변(溪流邊) 공간으로 계안(溪岸)상에는 광풍각이 위치하고 있다. 이 공간은 거대한 암반과 계류, 그리고 광풍각 뒤편의 도오(桃塢-복숭아 둑)로 이루어져 있다. 소쇄원도(瀟灑園圖)를 보면 암반 위에서 장기를 두는 사람, 가야금을 타는 사람이 그려져 있는데, 이를 통해 암반대는 하나의 유락(遊樂)공간의 역할을 하였을 것으로 판단된다.

내원은 오곡문에서 내당인 제월당에 이르는 중심 공간으로서, 전원(前園)과는 균교(均橋)에 의해 연결되고 하부는 계원(溪園)공간에 인접하고 있다. 오곡문에서 제월당에 이르는 직선 통로 위쪽에는 높이 1m 내외, 넓이 1.5m의 2단계의 축단이 있다. 여기에는 말라 죽은 채로 서있는 측백나무 한 그루만 있지만, 소쇄원도에는 세 그루의 매화나무가 심겨져 있다.

우리나라의 정원도 우리나라의 기후와 지형적인 특징 그리고 당시의 믿음 등이 정원의 양식에 크게 영향을 주었는데 우리의 생활터전은 아름답고 풍요롭기 때문에 중국이나 일본처럼 정원을 꾸밀 때 수목이나 경물이 필요가 없었고 자연에 순응하는 조원방식을 취하였다. 그러한 조영방식은 조선시대의 경우 낙향한 선비들이 만든 별서정원, 산수정원에서 뿐만 아니라 궁원이나 향원 등에 일관되게 적용되었다. 그리고 우리의 정

4   정동오, 1992, 동양조경문화사, 전남대 출판부, p.209.
5   정동오, 1986, 한국의 정원, 민음사, pp.215-218.; 정동오, 1992, 동양조경문화사, 전남대 출판부, pp.209-214.

원은 산천의 형국, 즉 산세, 계류의 흐름 그리고 바위와 수목의 상태를 잘 살펴서 그 중 풍경이 좋은 곳에 약간의 쉼터와 나무와 돌을 정돈하는 정도로 다듬었을 뿐 자연의 질서를 허물고 조작하는 행위는 더더욱 하지 않았다.

우리의 궁궐정원은 상록수보다는 활엽수를 심어 계절의 변화를 통하여 자연의 섭리를 받아드리려고 노력하였고, 소나무와 측백나무는 드문드문 심어 약간의 운치를 더하였다. 이로서 우리의 정원은 자연의 풍경이 주연이 되고 사람은 조연이 되는, 즉 인간이 자연에 군림하는 존재가 아니라 자연과 함께 조화를 이루어 가며 살아가는 존재라는 것과 인위적인 기교를 싫어하는 전통적인 삶의 방식이 정원의 조영방식에 함께 작용하였다고 하겠다.[6]

이것은 마 씨아로우와 최준식 교수의 주장[7]처럼 한국문화의 뿌리는 이웃나라인 중국과 일본과는 다른 우리의 전통적인 자연관, 특히 샤머니즘, 자연숭배사상, 혹은 산신사상 등에 있음을 말해준다.

한국인의 자연숭배 사상은 자연환경의 일원으로서 자연의 섭리에 순응하며 살아가고자 하는 것으로 한국의 풍토와 밀접한 관계를 갖고 형성된 사상이다. 산이 70%인 한반도에 사는 우리에게 있어 산은 곧 땅이었기 때문에 대지모신적인 관념보다, 산신에 대한 관념이 더 지배적이다. 그래서 생겨난 산신신앙은 산신·산령 그리고 산신령에, 즉 지역수호신에게 바치는 믿음이라고 한다. 이때 산신은 산신령·신령 등으로 불리고, 때로 노인으로 관념되거나 아니면 호랑이로 관념되기도 한다. 우리의 자연관인 산신사상은 이런 산악 지형에서 살고 있기 때문에 이루어진 관념이다.

이러한 관념들이 조선시대의 정원의 조성 특히 담장에 잘 반영되었다.

---

6 허균, 2002, 한국의 정원-선비가 거닐던 세계, 다른세상, pp.17-25.
7 마 씨아로우 · 최준식, 2019, 한국미의 자연성 연구, 주류성.

에덴정원

에덴동산 또는 에덴정원(히브리어: גַּן עֵדֶן Gan 'Éden, 영어: Garden of Eden 또는 Paradise)은 구약성경의 창세기에서 하나님이 아담과 이브를 위해 만들어 살게 했다는 이상향을 말한다. 오늘날에는 낙원이나 파라다이스의 대명사가 되었다. 현재 모든 조경 역사서의 출발점을 보면 대부분 메소포타미아나 이집트로 간주하기 때문에 성서의 구약시대에 대한 언급은 거의 없다. 구약시대 대부분 성서에 기록된 사건들은 전설의 이미지가 강했기 때문이다. 구약성서는 이스라엘 민족의 역사를 기록한 역사서로 고고학 및 민족학의 측면에서 매우 중요한 학술 자료다.

구약성서에 창세기에 "주 하나님의 동쪽에 있는 에덴에 동산을 일구시고, 지으신 사람을 거기에 두셨다. 주 하나님은 보기에 아름답고 먹기에 좋은, 열매를 맺는 온갖 나무를 땅에서 자라게 하시고, 동산 한가운데는 생명의 나무와 선과 악을 알게 하는 나무를 자라게 하셨다."(창세기 제2장 8~9절)라는 에덴정원에 관한 최초의 기록이 남아있다. 이 기록에 의하면 에덴에는 생활환경을 의미하는 한자 정(庭)과 실용적인 목적이 강한 원(園)이 동시에 묘사되고 있다. 일본사람들이 성서의 garden을 정원(庭園)으로 번역한 이유다. 우리나라는 동산으로 번역하였다.

이어 에덴의 묘사는 다음과 같이 이어진다. "강 하나가 에덴에서 흘러나와서 동산을 적시고, 에덴을 지나서는 네 줄기로 갈라져서 네 강을 이루었다. 첫째 강의 이름은 비손인데, 금이 나는 하윌라 온 땅을 돌아서 흘렀다. 그 땅에서 나는 금은 질이 좋았다. 브돌라라는 향료와 홍옥수와 같은 보석도 거기에서 나왔다. 둘째 강의 이름은 기혼인데, 구스 온 땅을 돌아서 흘렀다. 셋째 강의 이름은 티그리스인데 앗시리아의 동쪽으로 흘렀다. 넷째 강은 유프라테스이다."(창세기 제2장 10~14절) 여기서 우리가 에덴의 지리적 위치를 예측할 수 있는 근거인 네 강이 등장하는 구절이다. 티그리스와 유프라테스강은 터

키에서 발원하여 시리아를 거쳐 이라크로 흘러들어가는 강이다. 그러나 비손강과 기혼강은 어디인지 알 수 없다고 한다. 그러나 이 네 개의 강 중에서 적어도 세 개의 강은 성서 시대의 대표적인 두 문명이었던 메소포타미아와 이집트를 가능케 했던 강으로 볼 수 있다.

성서학자 김성 교수는 에덴을 가공의 지리적 상징이라고 주장하고 있다. 그에 따르면 "우리가 기혼강이 어디인지 알 수 없으나 기혼샘은 바로 예루살렘의 기드론 골짜기에서 지금도 흘러나오는 샘이고 바로 예루살렘 도시가 존재할 수 있었던 결정적인 이유가 되는 물의 근원이기도 하다. 그렇다면 에덴동산은 당시 최고로 발달했던 두 문명권, 즉 메소포타미아와 이집트, 그리고 야웨의 성전이 있었던 예루살렘을 모두 포함하는 지리적 상징으로 해석할 수 있을 것이다."[1] 이처럼 기독교인들 사이에서는 에덴의 위치는 지금도 논쟁 대상이 되고 있는데, 대략 메소포타미아와 페르시아 만의 티그리스강과 유프라테스강 상류에 있었던 것으로 추측되고 있다.

이런 추측에 대하여 영국의 고대사학자 데이비드 롤 박사는 "에덴은 신화적인 이야기가 아니며 타브리즈 근처의 아드지 차이 골짜기 서쪽 끝에 자리 잡고 있었다"고 하면서 "에덴동산은 '에덴의 동쪽'에 있고 고대 아르메니아에 위치했으며 현재 이란 서부지역"[2]이라고 주장했다. 에덴동산은 이스라엘사람들이 주로 활동했던 메소포타미아와 페르시아 만의 티그리스강과 유프라테스강 상류로 추측해 볼 때 물과 식물의 사용에서 페르시아 정원스타일에 영향을 주었을 것이다. 특히 더운 지방이었던 페르시아지역은 물이 필수요소였기에 구약에 기록된 네 개의 강은 대부분 정원의 중앙에 분수나 못이 놓이고 거기에서 흘러나오는 물이 수로에 의해 네 부분으로 나누어지는 이슬람식「사중(四重)정원, Chahar Bagh」양식의 탄생에 큰 영향을 주었을 것으로 추측된다.

한편 에덴 정원(동산)이라는 말은 『신약성서』에는 전혀 나오지 않지만, 그 대신 그에 해당하는 낙원(파라다이스)라는 말이 나온다. 즉

---

1 순복음가족신문(2005년 7월 15일), 김성 교수의 문화와 역사 - 에덴동산과 파라다이스, 에덴동산 과연 어디에 있었을까? http://www.fgnews.co.kr/html/2005/0715/05071517354913111700.htm
2 한민족 국제 학술대회 개최… '에덴동산을 찾아서', http://www.christiantoday.co.kr/view.htm?id=208257 2024년 1월 10일 검색.

"예수께서 그에게 말씀하셨다. 내가 진정으로 네게 말한다. 너는 오늘 나와 함께 낙원에 있을 것이다." (누가복음 제23장 43절)

"이 사람은 낙원에 이끌려 올라가서, 말로 표현할 수도 없고 사람이 말해서도 안 되는 말씀을 들었습니다." (고린도후서 제12장4절)

"귀가 있는 사람은, 성령이 교회들에게 하시는 말씀을 들어라. 이기는 사람에게는, 내가 하나님의 낙원에 있는 생명나무의 열매를 주어서 먹게 하겠다." (요한계시록 제2장 7절)」

라는 구절이 있다. 에덴이라는 단어는 페르시아어 '헤덴(Heden)'에서 유래한 히브리어로 '환희의 동산', 혹은 '태고의 정원'이라는 뜻을 가지고 있다. 구약 성서를 기원전 2세기경 그리스어로 번역한 '칠십인역'은 에덴동산을 '풍요의 정원'으로 번역했다. 이때 '정원'이란 의미의 그리스어가 바로 '파라데이소스($\pi\alpha\rho\alpha\delta\epsilon\iota\sigma o\varsigma$)'다. 영어의 파라다이스(paradise)는 라틴어의 파라디수스(paradisus)와 그리스어의 파라데이소스에서 기원한다. 또한 수메르어의 에디누(edinu: 평지, 황무지)에서 유래했다고도 한다.

일반적으로 서양에서 파라다이스(낙원)라는 말은 화원(花園)을 연상시키지만, 『구약성서』의 기록에 따르면 이 파라다이스는 수목을 위주로 하는 수목원의 풍경을 보여주는 것으로 상상된다. 예로부터 페르시아로 상징되는 고대 오리엔트 지방의 정원에는 그늘과 향기와 물이 필요했다. 물은 파라다이스라 불리는 오리엔트 지방 정원의 정신이고, 그늘은 정원에 없어서는 안 될 즐거움을 주는 요소였다. 진정 에덴동산은 농사를 위해 물을 끌어들이기 쉬운 땅으로 관상과 실용을 갖춘 터였을 것이다. 성서를 살펴보면, 화훼류 보다는 수목에 관한 기록이 상당히 많음을 알 수 있다. 예를 들면, "요담의 수목우화(사사기 제9장 8절), 네브카드네자르의 수목의 꿈(다니엘서 제4장 10절), 수목에 관한 법률(레위기 제19장 23, 27절, 신명기 제20장 19절) 등이 그 예다. 이와 같이 수목이 정원에 그늘을 제공하는 것만으로 에덴에서 수목이 얼마나 중요시되었는지를 잘 짐작할 수 있다."[3] 이 낙원에는 주로 "대추야자나무나 무화과나무를 심었다고 한다. 특히 대추야자나무는 북아프리카가 원산지이고, 예루살렘에서도 발견되며, 열매는 식용, 줄기는 목

---

3   김수봉 외, 2008, 에덴동산에서 도시공원까지 조경변천사, 문운당, p.33.

재, 잎은 지붕을 엮는 데 쓰인다고 한다. 이 나무는 실용성을 가지고 있을 뿐만 아니라, 위로 뻗은 나무 가지가 앞에 나온 여러 편에서 노래되는 것 같이 관상수로도 제일로 꼽힌다."[4]

이처럼 '에덴정원'은 담장을 만들고 그 안에 물과 흙과 나무를 도입하여 인간과 인간, 인간과 자연이 서로 만나서 지친 몸과 마음을 치유하고, 인간과 자연이 서로 조화를 이루어 건강과 행복을 추구하는 곳이라고 할 수 있다.

---

4   김수봉 외, 2008, 에덴동산에서 도시공원까지 조경변천사, 문운당, p.35.

조경을 위한

용어 에세이

아도니스 정원

아도니스 정원

그리스는 기원전 11세기경부터 문명이 발달하기 시작하였으며, 연중 온화한 지중해성 기후로 인하여 사람들이 옥외생활을 즐겨 상업 활동과 집회를 위한 공간인 아고라와 같은 옥외공간을 만들었다. 아고라는 고대 그리스 도시의 종교·예술·경제·정치적 삶의 중심지로 시민들에게 개방된 장소로 로마의 포럼을 거쳐 오늘날 광장으로 발전하였다. 초기 아고라는 원래 신들의 도시인 아테네의 아크로폴리스 언덕 위에 있었으나 도시의 규모가 커지면서 아고라는 언덕을 내려와 도시 가운데 넓은 공터로 내려와 시민들의 삶 속에 자리 잡았다.

아테네의 아크로폴리스나 델포이의 아폴로 신전과 같은 언덕 주변에는 성스러운 숲인 성림(聖林)을 조성하였다. 성림에는 주로 참나무나 월계수 그리고 올리브 같은 나무를 심었다. 참나무는 제우스, 월계수는 아폴론, 올리브나무는 아테나 여신을 숭배하는 의미로 성림을 조성하였다.

비록 성림이 신을 모시는 신전 주변의 경건한 장소였으나, 그리스 시민들은 지금의 공원처럼 성림을 자유롭게 드나들며 명상을 하거나 휴식을 취하기도 했다. 당시 그리스 사람들은 운동으로 잘 단련된 미소년의 나체를 도시 번영의 상징으로 보아 서있는 자세를 자신감과 인품이 우월한 것으로 보았다. 그들에게 건강한 신체를 가꾸고 체력을 기르는 체육 활동은 도시의 번영을 위하여 권장되었다. 청년들이 신체를 단련하던 성림을 '짐나지움(Gymnasium)'이라고 불렀다. 당시 철학자 소크라테스는 청년 교육에 열심이었으며 짐나지움으로 청년들을 자주 보러왔다고 한다. 그의 제자인 플라톤은 역사상 최초의 대학인 '아카데미아(Ἀκαδημ(ε)ια, Akadēm(e)ía)'를 세웠다. 이곳은 원래 고대 그리스의 아테네 서북쪽 교외에 위치한 고대의 영웅 아카데메스의 성스러운 숲에서 기원한 성림으로, 리케이온, 키노사르게스 등과 함께 대표적인 짐나지움의 소재지였다.

유럽의 신플라톤주의 융성과 함께 수준 높은 연구나 고등 교육을 담당하는 기관인 아카데미(academy) 혹은 아카데미카(Accademica)가 이 아카데미아에서 유래 되었다. 예로 르네상스 시대의 피렌체의 〈플라톤 아카데미〉는 메디치 가문과 인문주의자들의 사적 모임이었으며, 프랑스 루이 13세 때 만들어진 〈프랑스 왕립 아카데미〉 등이 유명하다.

이러한 그리스의 아고라, 성림, 짐나지움 그리고 아카데미아는 공적인 성격의 도시 공간이었다.

이러한 공적 공간 외에 당시 그리스에는 사적 공간인 로마시대의 페리스틸리움(Peristylium)과 아트리움(Atrium)의 전신이라고 여겨지는 주택의 중정식 정원과 아도니스 가든(Adonis Garden)이라고 부르던 일종의 옥상정원이 창시되었다.

고대 그리스에서는 미모의 청년 아도니스의 죽음을 위로하기 위해 그리스 여인들에 의해 축제가 매년 은밀하게 개최되었는데 그것을 아도니아 혹은 아도니스 축제라고 한다. 아도니스 정원은 축제가 열리는 날에 양상추, 밀, 보리와 같이 쉽게 싹트는 식물을 웃자라게 한 화분을 창가나 지붕 위에 올려놓아 갑자기 시들게 함으로써 아도니스의 죽음을 애도하고 봄이 되어 회생하기를 기원하는 풍습에서 비롯되었다.

〈아도니아〉는 죽음과 관련 있는 농경의례였다. 당시 그리스의 여자들은 집안에서만 활동할 수 있었는데, 주택 내에서 집 바깥에서 길이나 안마당에서 출입하기 힘든 2층에 그들의 방이 배치되는 경우가 대부분이었다. 따라서 아도니스 축제 기간 동안 여성들은 집에서 평소에 사용되지 않는 공간인 옥상에서 그들의 생각을 자유롭게 표현하고자 하였다. 여성들은 그리스의 우아한 남성상이자 여성들에게 기쁨을 주었다고 전해지는 꽃미남 아도니스의 죽음을 애도하기 위해 매년 7월 옥상의 화분에 양상추를 심었다. 그리고 그녀들은 양상추가 심어진 화분을 '아도니스 정원(gardens of adonis)'이라고 불렀다. 축제가 시작된 지 8일째 마지막 날에는 그 시들은 식물이 든 화분을 바다나 강에 버렸다고 한다. 아테네 여성들이 양상추씨앗을 파종하고 싹이 시들기를 바란 것은 아도니스의 재탄생을 기원하기 위함이었다고 한다. 양상추는 아도니스가 죽었을 때 아프로디테가 그의 시신을 뉘어놓았던 자리에 난 식물이었으며 고대부터 생명의 결함을 가진 식물로 알려져 왔다고 한다.[1] 실제 양상추는 자라는 기간이 길어 보통의 우리나라의 텃밭에서는 재배하고 수확하기가 어려운 작물이다. 양상추의 재배에 적합한 기온은 지중해성 기후인 15~25℃이다. 따라서 우리나라의 기후는 양상추와 잘 어울리지 않는다.[2]

오늘날 지중해의 여러 나라에서 볼 수 있는 옥상이나 테라스 창가 등에 화분을 놓아 가꾸는 습관은 바로 이 아도니스 정원에서 유래하였다. 아도니스 정원은 옥상정원의 시초가 되었다.

1 The Gardens of Adonis: Spices in Greek Mythology(Second edition), Marcel Detienne, Translated by Janet Lloyd, Princeton University Press, http://press.princeton.edu/titles/5445.html 2024년 1월 14일 검색.
2 박원만, 2007, 유기농 채소 기르기 텃밭백과, 도서출판 들녘.

이슬람정원

이슬람정원

중세의 서유럽은 고유한 기독교문화를 수립하여 발전시켰으나 고전문화와 르네상스문화의 측면에서는 이 시기가 종교에 귀속된 이질적 문화라고 취급하면서 이 시대를 암흑시대(Dark Ages)라 부르면서 비난하고 경멸하였다. 중세의 서유럽이 암흑시대였다면 아라비아 반도에서는 마호메트(Mahomet Mohammed)가 등장하여 이슬람교의 교리를 가지고 아라비아 반도를 통일하고, 이슬람 국가의 터전을 구축했다. 막강세력으로 성장한 아랍민족은 정복과정을 통해 자신들의 문화에 페르시아문화, 기독교문화, 비잔틴문화, 인도문화 등을 흡수하여 독특한 개성을 지닌 이슬람문화를 창조하였다. 중세 서유럽의 조경양식이 기독교의 영향을 받았던 것처럼 이슬람 조경양식도 그들 종교의 영향을 받았다. 이슬람정원의 가장 대표적인 유적으로는 스페인의 알함브라궁전과 인도의 타지마할을 들 수 있다. 이슬람 조경양식은 기후, 종교 그리고 국민성에 크게 영향을 받았는데 그 결과 정원에 다양한 물과 관련된 시설의 도입(기후), 과수와 화훼의 식재와 정자, 소정원이 이어지는 형태(종교) 그리고 녹음수(綠陰樹)를 빽곡하게 심기(국민성) 등은 그것이 반영된 결과다.

먼저 알함브라 궁전의 중정과 별궁의 정원을 소개한다. 697년 카르타고를 함락시키고 지브로올터해협을 건너 스페인반도로 들어간 이슬람교도들은 반도의 남부를 점령하여 이후 8세기 동안 스페인문화에 많은 영향을 끼쳤다. 13세기 중엽에 만들어진 스페인 남부 그라나다에 위치한 붉은 궁전이라는 뜻의 알함브라(Alhambra)의 정원은 대표적인 이슬람 정원으로 그 내부는 네 개의 중정(파티오)으로 이루어져 있다. 이러한 중정은 종교적인 측면에서 지상낙원에 대한 그들의 생각을 반영하고 있다. 아울러 기후의 영향으로 중정 내에 수로와 분수를 사용하여 내부를 장식하였다.

먼저 이 궁전의 주정인 '연못의 파티오'가 있는데 연못 양가에 천인화의 산울타리가 있어서 '천인화의 파티오'라고도 불린다. 연못의 파티오는 건물의 입구 가까이에 위치한 주정으로 넓이가 36x22.5m로 중앙이 연못으로 꾸며져 있는데서 그 이름이 유래되었다. 현재는 연목 양가에 천인화의 산울타리가 심겨져있어서 '천인화의 파티오'라고도 불린다.

연못의 파티오에 인접해있는 12마리 사자의 조각상이 받든 분수와 분수에서 시작되는 네 개의 좁은 수로가 파티오를 사분하는 '사자의 파티오'가 있다. 연못의 파티오와 사자의 파티오는 아라비아적인 색채가 가장 강하게 나타나 있다. 부인실에 부속된 정원으로 중앙의 분수 주위에 키 큰 사이프러스나무가 서있는 '다라하의 파티오'는 회양목으로 여러 가지 형상의 화단과 원로에 의해 구획되어 있으며 중앙에 분천이 자리 잡고 있다. 마지막으로 규모가 작고 바닥에 자갈무늬가 그려져 있고 구석진 자리에 사이프러스나무 네 그루가 서있는 '레하의 파티오'는 흔히 '사이프러스나무의 파티오'라고도 불린다. 레하의 파티오는 부인실에 부속된 정원으로 바닥은 자갈로 무늬가 그려져 있는 좁지만 산뜻한 느낌이 나는 정원이다.

이 밖에 알함브라에는 왕의 별궁(別宮)으로 지은 헤네랄리페가 있는데 '높이 솟은 정원'이라는 뜻으로 알함브라의 언덕보다 50m 정도 높은 곳에 위치하고 있어 사방을 두루 다 살펴 볼 수 있다. 이곳에도 '커낼의 파티오'와 '사이프러스나무의 파티오'같은 중정이 자리를 잡고 있다. 그리고 헤네랄리페와 같은 테라스식 정원은 멋진 경치를 볼 수 있는 장점을 가지고 있다. 알함브라 궁전의 이슬람 정원의 중정이나 헤네랄리페와 같은 정원에서 우리는 이슬람이라는 종교적인 측면에서 지상 낙원에 대한 그들의 생각을 수로와 분수 등 정원 내부를 장식의 특징을 통해 발견할 수 있다. 알함브라는 1984년 유네스코 세계문화유산에 등록되었다.

다음으로 인도의 타지마할 정원을 소개한다. 이집트와 함께 세계 문명발생지의 한 곳인 인도의 정원양식은 기본적으로 스페인과 유사하지만 풍부한 수량을 이용하여 수로를 만들고 이를 중심으로 정형식으로 조성하는 것이 일반적이다. 이러한 물은 일반적으로 장식과 목욕 그리고 관개의 목적으로 사용되었다. 그 중에서도 연못으로 활용할 경우에는 시원한 분위기를 감돌게 함과 동시에 종교적인 행사와 식물 육성을 위해 사용했다. 이슬람식 인도정원은 나샤트 바, 타지마할, 샬리마르 바 등이 있는데 가장 대표적인 것은 타지마할이다.

인도 명물 타지마할이 있는 아그라는 인도 마지막 봉건왕조였던 무굴제국의 수도이다. 타지마할(Taj-mahal)은 역대 무굴제국의 최고의 왕인 5대 샤 야한(Sha Jahan)이 자신의 아내 뭄타즈 마할을 위한 무덤이다. 무갈왕국의 5대 왕인 샤 야하은 사랑하는 왕비 뭄타즈 마할이 죽자 그녀의 무덤으로 이 타지마할을 지었다. 뭄타즈 마할은 왕의 두 번째 왕비로 키도 작고 피부도 까만 전형적인 드라비다의 여인이었다고 한다. 그녀는 아름다운 지성을 가지고 왕비의 품위를 지켰으며, 밝은 웃음과 왕에 대한 뜨거운 사랑과 열정을 가지고 있었다고 한다. 왕은 이러한 왕비를 너무도 사랑했고 전쟁터에도 그녀를 동반했다고 한다. 왕비가 14번째의 아기를 임신한 몸으로 끝내 몸겨눕게 되자 왕은 그녀에게 소원을 물었다. 왕비는 자신을 위해 아름다운 무덤을 만들어 줄 것을 왕에게 부탁하였다. 1631년 왕비는 출산 도중 39세의 젊은 나이로 끝내 죽음을 맞이하게 되었다. 샤 야 한은 곧바로 그녀와의 약속을 실행에 옮겨 타지마할을 건설하기 시작한다.

타지마할의 건설 사업에는 오스만트루크 제국 최고의 건축가인 우수타드 라호리와 인도는 물론 터키, 이란, 이탈리아, 프랑스 등의 많은 외국 건축 전문가들이 참여하였다. 그 결과 타지마할은 이슬람적인 생동감보다는 장식성이 두드러지게 표현되었다. 인도 라자스탄주의 도시인 아지메르 지방의 흰 대리석을 운반해왔고, 이탈리아와 터키 심지어는 남미산 대리석을 수입하였으며 루비와 사파이어, 옥 등을 중국과 아라비아 등지에서 대량으로 수입해왔다고 한다. 타지마할의 건축을 위해 막대한 예산이 소모되었고, 2만명의 노예들을 동원하여 22년간의 긴 공사 끝에 건물이 완공되었다.

타지마할은 모든 건물이 대칭적으로 지어졌으며 정원도 가운데 축을 중심으로 하여 좌우로 균형이 잡힌 극히 단순한 구조로 이루어져 있다. 백색 대리석에 홈을 파서 유색의 대리석을 상감 처리한 정교한 조각, 그리고 위쪽을 조금씩 넓게 건축함으로써 정면에서 바라 볼 때 반듯이 보이게 하는 믿기 어려운 건축 기술과 건물 자체의 아름다운 비례미와 세련미는 다른 건물과는 비교가 어려울 만큼 뛰어나다.

산허리에 조성된 노단식 정원인 니샤트 바와 세 개의 노단으로 구분되는 샬리마르 바와는 달리 타지마할은 평탄한 지형에 조성되었다. 십자형 폭이 좁은 수로에 의하여 사분원 형식의 정원에 대리석으로 만들어진 아름다운 분수가 수로보다 약가 높게 만들어져 있으며 폭 약 5m의 수로 속에는 2.5m 간격으로 줄지어 분천을 장치해 두었다. 교차하는 다른 작은 수로도 역시 같은 방법으로 분천을 장치해두었으며 끝에는 정자가 설치되어있다.

　이슬람 정원은 신의 선물인 물을 중심으로 닫힌 공간의 조화, 질서, 장엄함을 표현하고 있다. 물은 생명의 근원이고 물을 중심으로 네 개의 구역으로 꾸며진 정원은 '지상 낙원'을 의미한다. 이슬람 사람들이 꿈꾸던 이상향이 현실로 구현된 곳이 바로 그라나다의 알함브라의 파티오와 인도 타지마할의 정원이라고 할 수 있다.

조경을 위한

용어 에세이

르네상스 이탈리아 정원

010

르네상스 이탈리아 정원

르네상스는 토지를 중심으로 하는 농업사회가 아니라 돈이 중심이 된 상업의 시대로 대략 1400년부터 1530년까지의 약 130년간의 시기를 일컫는 말이다. 십자군 원정 이후 당시 오리엔트로 가는 무역의 중심도시는 이탈리아의 도시 중에서 플로렌스, 즉 피렌체였다 이 도시에는 왕성한 상업 활동으로 만들어진 자본은 예술 산업과 직물 공업 분야로 투자되었고 강력한 시민계급이 형성되었다. 그 중에서 금융업으로 성장한 메디치가문은 피렌체의 지배자였다. 메디치가문의 후원을 받은 피렌체는 그리스의 아테네가 되고자 하였고 르네상스의 요람이 되었다. 건축, 미술, 조각 그리고 회화 등의 분야가 르네상스 시대를 통하여 두드러지게 발전하였고 아름답고 훌륭한 이탈리아의 도시들을 창조하였다.[1]

이처럼 르네상스란 '재탄생'을 의미하며 고대 그리스와 로마문화가 중세의 긴 잠이 끝난 후 재발견되었다는 뜻으로 이 말을 사용하였다고 한다. 중세를 지나 근세로 들어오면서 봉건적이고 종교적인 권위의 유지를 위해 이루어져 오던 고전의 연구를 대신해서 인간의 정체성을 찾고, 자연을 있는 그대로 보려고 하는 비판적인 태도가 생겨났다. 이것이 바로 르네상스의 정신이며, 암흑시대의 중심이었던 신보다도 인간 자체가 중심이 되는 문화, 즉 인본주의(Humanism)가 발달하기 시작하였다. 이 시기 유럽의 강대국이었던 이탈리아와 프랑스에서는 그 나라의 독특한 지형의 특징을 반영한 정원 양식이 탄생하게 된다.

먼저, 이탈리아의 정원은 주로 자본가 계층의 저택이나 별장에서 그 모습을 확인할 수 있다. 이탈리아 르네상스 초기의 정원은 고대 로마의 별장을 모방하여 전원양식의 별장형에 속하는 것이 많았다. 실용적인 목적으로 식물을 뜰에 가꾸던 중세 사람들과

---

1 디트리히 슈바니츠, 2001, 교양, 사람이 알아야 할 모든 것(인성기 외 옮김), 도서출판 들녘, p.131.

는 달리 이 시기에는 식물 자체에 대한 관심과 흥미로 많은 종류의 식물을 가꾸었다. 식물이 정원을 구성하는 재료가 아니라 식물 자체를 원예적인 관점에서 감상한 것은 르네상스 초기의 특징이라 할 수 있다.

한편 16세기에 와서 이탈리아의 정원은 최전성기를 맞게 되는데, 이 르네상스 중기의 대표적인 정원으로 빌라 에스테(Villa d' Este)를 들 수 있다. 1568년에 지안 프란체스코 감바라(Gian-Frencesco Gambara)에 의해 조성된 이 정원은 전망 좋은 구릉지에 위치한 별장의 외부공간에 부속된 것으로 지형의 고저차를 이용한 다양한 동적인 수공간의 연출과 좌우에 대칭되어 펼쳐지는 식재공간과 같은 입체적인 공간구성이 특징이다. 정원 내부는 대리석 조각과 분수, 테라스 등으로 장식하였다. 야생 산림지역과는 대비되는 축으로 구성된 이탈리아 르네상스식 정원은 주로 구릉지에 조성되었기에 일명 노단식(露壇式)정원이라고 부른다. 르네상스 중기의 별장정원으로는 빌라 에스테(Villa d' Este) 외에 파르네제(Villa Farnese), 란테(Villa Lante), 카스텔로(Villa Castello), 보볼리 정원(Giardino Boboli) 등을 들 수 있다. 이 중 빌라 파르네제, 란테, 에스테를 로마 3대 별장이라고 한다.

한편 르네상스 말기에는 균제미에서 벗어나 번잡하며 지나친 세부의 기교를 특징으로 하는 바로크식이 등장한다. 정원에 나타난 바로크형식의 대표적 기법은 정원동굴이다. 이런 동굴은 자연을 사랑하는 자연주의적인 소박한 마음에서 생겨난 것이 아니라 기괴한 것을 찾고자 하는 그 당시 사람들의 마음의 표현인 것이다. 다음으로 정원에 자주 등장하는 것이 물을 주제로 한 참신한 여러 가지 표현이다. 바로크 전까지 정원에 표현하였던 물의 형식이 분수나 작은 폭포(cascade) 혹은 연못 등이었다면 바로크식 물의 표현은 사람의 눈과 귀를 놀라게 하는 장치, 즉 물 오르간, 놀람분수, 비밀분수와 물의 압력을 이용하여 각종 음향효과와 무대효과를 얻고자 했던 물 무대 등이 있었다고 한다. 그 외에 바로크식 특징으로는 지엽이 잘 자라는 상록수를 전정, 깎아 다듬기 등으로 새와 짐승 또는 거북이 모양, 기하학모양처럼 자연적인 수목의 수형을 교정하여 부자연스럽고 인공적인 생김새로 만드는 토피어리(Topiary)를 일반식재와 혼용하는 기법 등이 있다.

결국 이탈리아 르네상스 정원은 산악 지형을 극복하기 위해 높이가 다른 여러 개의 노단으로 만들어진 노단식 정원(露壇式庭園)이 탄생하였으며, 노단이란 외부에 노출된 단이란 뜻으로 층층이 쌓인 테라스를 뜻한다.

이탈리아 북부 지방 산악 지대의 물이 풍부한 경사지를 이용하여 계단식으로 정원을 조성하고 축을 직교하여 분수와 연못을 만들고 차경 방식을 이용하여 높은 곳에서 시 가지를 볼 수 있는 전망이 좋은 정원을 만들었다. 정원의 대리석으로 만든 조각물이나 물 계단, 난간 등의 정원 시설물과 암녹색의 상록 활엽수가 강한 대비를 이룬다. 원추 형의 사이프러스와 넓은 원개형 수관을 가진 스톤 파인, 상록활엽 녹음수인 월계수, 가 시나무와 감탕나무를 식재하였다.

바로크 프랑스 정원

011

바로크 프랑스 정원

프랑스의 르네상스는 1494년 프랑스 왕 샤를 8세가 이탈리아 나폴리왕국을 침공하여 미미한 정치적 승리를 거두었지만, 문화적인 면에서 프랑스에 이탈리아의 르네상스 문화를 가져오는 역할을 하였다. 이탈리아 원정 후에 왕을 따라온 이탈리아 예술가들 중 특히 정원사의 영향으로 과거 프랑스에는 없었던 격자울타리와 오렌지정원, 그리고 장대한 건축물을 멋있게 보이려는 의도로 정원을 둘러싼 보랑(步廊)이라 불리는 갤러리 등이 프랑스 정원에 속속 나타나기 시작했다. 그럼에도 불구하고 프랑스사람들의 지나친 독창성과 보수성은 이탈리아의 문화의 접근을 쉽게 허락하지 않았다. 정원에도 세부적인 면은 이탈리아 스타일이었으나 전체적으로는 중세적인 두꺼운 담장으로 둘러싸인 정형적인 중세 성곽 정원의 모습을 유지하고 있었다. 이렇듯 초기에 이탈리아 정원을 모방하던 프랑스의 정원은 두 나라 간의 지형적 차이에 의해 서로 다른 형태로 정원 양식이 나타난다. 주로 전망이 좋은 구릉지에 위치한 이탈리아의 빌라정원과는 달리 프랑스의 정원은 성곽 주위의 평탄한 지역에 위치하였다. 따라서 입체적이고 건축적 색채가 짙은 이탈리아의 정원과는 다르게 프랑스의 정원은 평면적이고 기하학적인 내부 구조로 발전하게 되었다. 프랑스의 지형과 자연성을 살린 정원양식이 확립된 것이다. 이러한 평면기하학식 정원(平面幾何學式 庭園)양식이 확립되어 17세기 말 무렵에는 유럽 각국에 프랑스 정원양식을 유행시켰다. 쉽게 이야기하면 프랑스 평면 기하학식 정원은 이탈리아 노단식 정원을 다리미로 눌러 편 모양이라고 생각하면 이해가 쉽다.

특히 루이 14세 시대의 프랑스 정원양식은 자연경관을 균형 잡히고 통제된 하나의 예술작품이었다. 루이 14세는 정원을 자연에 대한 인간의 완전한 지배의 상징으로 변화시켰다. 그는 앙드레 르 노트르(André Le Nôtre)를 조경가로 등용하여 한낱 사냥터에 불과하던 베르사유 궁(Château de Versailles)에 부속된 습지를 세계 최고의 정원으로 탈바꿈시켰다.

형식적인 정원이라는 프랑스 정원 양식을 이루는 핵심은 일정한 상자형태를 띠면서 대지 구획에 들어맞도록 철저히 계산된 장식적인 화단이었다. 이와 같은 화단은 마치 자수 작품처럼 기하학적인 형태였기 때문에 '자수화단'이라 불리게 되었다. 이들 자수 화단은 건물의 2층의 공식적인 접견실에서도 감상할 수 있었다. 이는 수평적인 것보다는 수직적인 요소들을 강조한 디자인을 으뜸으로 여겼던 이탈리아식 정원들과 구별되는 특징이다.[1]

르 노트르는 당시 재무대신 니콜라 푸케(Nicholas Fouquet) 소유였던 대저택의 부속정원인 보 르 비콩트(Château de Vaux-le-Vicomte)와 샹티이(Château de Chantilly) 정원을 통하여 그의 이름을 세상에 알렸고, 보 르 비콩트 정원의 원근법을 사용한 정원기법에 충격을 받은 루이 14세(Louis XIV)는 파리에서 24km 떨어진 곳에 위치한 베르사유궁의 정원 조성에 르 노트르를 전격 기용하였다. 르 노트르가 만든 정원의 특징은 프랑스 편평한 지형을 잘 이용한 평면적인 터 가르기 수법이 마치 기하학적인 모양을 한 철저하게 대칭적인 모양을 하여 〈평면기하학식〉이라고 부른다. 자신의 인격적 실체를 태양왕으로 설정한 루이 14세는 정원들의 배치를 태양의 궤적을 따르도록 고안하였고 그리스와 로마 신화 속의 태양 신 아폴로의 형상을 도입하였다. 아울러 저습지였던 이곳에 수많은 분수를 설치하였다. 거대한 운하는 장식적인 요소일 뿐만 아니라 습지의 배수를 고려하였다고 한다. 한편 르 노트르가 조성에 참여한 대표적인 정원에는 인공연못이 만들어졌는데 보 르 비콩트의 연못은 통경선의 기점인 대저택을 비추고, 베르사유정원은 태양을 샹티이의 인공연못은 자연을 각각 비추게 조성되었다고 한다.[2] 김정운 교수는 베르사유정원에 대하여 "루이 14세는 자신의 시선을 중심으로 규칙과 대칭의 원리를 구현한 정원을 만들었다. 그리고 자신의 시선은 원근법적 소실점의 정반대편에 위치하도록 했다. 시선의 주인이 세상의 주인이기 때문이다."[3]라고 주장하면서 프랑스 기하학식 정원의 조형 원리를 공간과 시선의 지배 관점에서 재미있는 분석을 시

1 가브리엘 반 쥘랑 2003, 세계의 정원 - 작은 에덴 동산(변지현 옮김), 시공사, pp.63-66.
2 Elizabeth Boults & Chips Sullivan, 2013, 그림으로 보는 조경사(조용현 외 공역), 기문당, p.143.
3 김정운, 2014, 에디톨로지, 창조는 편집이다, 21세기북스, p.164.

도하였다.

　루이 14세는 그리스 신화의 태양신인 아폴로의 의상을 즐겨 입었다. 그는 베르사유정원에 아폴로 분수 등을 만들어 유럽의 절대 군주 '태양 왕'의 이미지를 과시했다. 아폴로 분수를 비롯해 사방으로 뻗은 방사형 소로 등은 왕의 권위와 막강한 권력을 상징하며 장관을 이룬다. 결국 화려함의 극치를 보여주고 절대 왕권을 강화하기 위하여 베르사유 궁을 세운 '태양왕' 루이 14세는 그의 막강 권력을 과시하기 위해 면적 80㎢(현재는 7.15㎢)에 이르는 어머어마한 면적의 정원도 함께 조성하였다.

자연풍경식 영국정원

자연풍경식 영국정원

　18세기 영국에서는 고전주의에 대한 반발로 문학과 회화에서 자연주의 운동이
발생하였다. 따라서 회화에서는 풍경화, 문학에서는 낭만주의가 크게 유행하였다. 이러
한 시대사조의 영향과 당시 영국 정치 흐름인 자유에 대한 열망이 프랑스 절대주의의
엄격한 질서로부터 벗어난 영국 정원의 탄생을 가져오는 계기가 되었다.

　르네상스의 이탈리아 화가는 그리스 신화를 그림의 소재로 즐겨 삼았으며, 그 신화를
충실히 그려내는 수단으로 인물의 배경으로 산수를 그려 넣었다. 이것이 시초가 되어
풍경화가 그려지기 시작하였고, 18세기에 와서는 유럽에서 풍경화가 널리 유행하였다.
이와 비슷한 시기에 낭만주의의 확산과 자연미를 동경하고 찬미하는 시인들의 등장으
로 자연에 대한 관심이 증가하게 된다. 이와 같이 회화와 문학의 두 예술 분야에서 자
연에 대한 찬미는 18세기 영국에 자연풍경식 정원양식이 태어나게 하는 여지를 만들어
놓았다.[1]

　또한 르네상스 이래의 휴머니즘과 합리주의 흐름 속에서 형성된 계몽사상 또한 영국
의 정원양식 형성에 영향을 주었다고 할 수 있다. 그리고 정치·경제적 측면에서 사회
전반에 일대 혁신을 가져온 시민혁명과 산업혁명을 통해 위대한 국가로 성장한 영국은
순수한 영국식 정원 창조에 대한 욕구를 가지게 되는데 이와 같은 시대적 상황 속에서
영국만의 독특한 정원양식이 등장하게 된다.

　즉 정원은 17세기이전까지는 닫혀진 공간이라는 함축적 의미를 지니고 있는 '폐쇄된
정원(enclosed garden)'이 전통적인 정원의 모습이었다. 이 정원은 외부의 '걱정'으로부터
철저히 폐쇄되어 있으며, 외부로부터 보호되고 그 안에 머무르는 공간으로 인식되어 왔
던 것이다. 그러나 이는 또한 '개방된 정원'으로 향하는 역설적 의미를 포함하고 있었

1　윤국병, 1995, 조경사, 일조각, p.111.

다. 다시 말하면, 현실적 의미에서는 타락한 외부로부터 엄격히 폐쇄된, 즉 일단 내부를 향해 철저히 폐쇄시킨 후 신과 도덕이라는 고차원적인 단계를 초월해 인접한 외부 세계를 열 수 있다는 논리이다. 이러한 역설은 명예혁명과 같은 17세기 후반의 정치적 혼란을 벗어나려는 노력이었으며, 현실적으로 '개방된 정원', 즉 18세기 풍경식정원의 탄생을 가져오게 된 계기가 되었다.[2]

이 시기의 정원양식은 대칭적인 공간배치와 인공적인 기하학식 도형을 통한 표현을 기피하였다. 대신 자연과 조화를 이루고자 하는 욕망을 충실히 표현하여 인간이 손을 대지 않은 비정형식의 자연식정원을 조성하고자 하였다. 그 당시 대표적인 정원으로 스토정원(Stowe)과 스투어헤드 정원(Stourhead)이 있다.

한편으로 17세기 프랑스의 정치적 질서와 사회체제를 반영한 것이 평면기하학식 정원이라면, 풍경식 정원(風景式 庭園)은 18세기 영국의 정치와 사상적 배경을 잘 반영하고 있다. 정원의 세세한 부분까지 질서와 규칙에 지배된 프랑스의 정원은 절대왕정의 정치사상을 드러내는 데 반해, 자연 그대로의 자유로운 모습으로 표현되는 영국의 정원은 의회민주주의를 근간으로 하는 부패한 왕정에 대항하는 입헌군주제라는 사상이 생겨날 것을 미리 암시하고 있었다.[3] 이러한 영국 풍경식정원 탄생의 뒤에는 애디슨(Joseph Addison)과 포프(Alexander Pope)라는 문학가들의 절대적인 후원이 있었다. 그리고 에디슨과 포프의 사상을 계승한 브릿지맨(Charles Bridgeman), 켄트(William Kent), 브라운(Lancelot "Capability" Brown), 렙턴(Humphry Repton) 그리고 팩스턴(Sir Joseph Paxton) 등 영국조경가의 계보가 탄생했다.

풍경식정원은 18세기 당시 자연을 주제로 하는 풍경화(Landscape Painting, 風景畵)의 탄생과 직접적인 연관이 있다. 풍경화는 영어 Landscape Painting의 번역어로 글자 그대로 풍경, 즉 자연의 경치를 주제로 한 그림이다. 당시 풍경화의 탄생에 영향을 준 자연주의 사상은 인간과 자연 사이의 친화적인 관계에서 비롯되었다. 풍경화는 당 시대의 독특한 창조적인 예술로서 그 시대의 사람들은 이를 통해 자연에 대한 감각을 새로 익

2 안자이 신이치, 2005, 신의 정원 에덴의 정치학(김용기·최종희 옮김), 성균관대학교 출판부, pp.34-45.
3 日本造園学会, ランドスケ-プ大系 第1巻 : ランドスケ-プの展開, 技報堂出版, p.96

했다. 이러한 감정은 근대화가 발생시킨 산물로서 당시 사람의 풍경에 대한 시각은 사회 환경의 인공화에 따른 자연으로부터의 격리를 바탕으로 하고 있다고 할 수 있다.

　영국 풍경식정원은 말 그대로 풍경화 그림과 같은 정원 양식이다. 17세기 중반부터 영국 귀족 자제들 사이에는 현장 교육차 프랑스를 거쳐 이탈리아까지 다녀오는 '그랜드 투어'가 유행이었다. 이들은 여행을 하면서 이탈리아의 예술품도 수집했는데, 클로드 로랭(1600~1682)의 풍경화가 가장 인기가 있었다. 그는 이탈리아의 풍경에 그리스·로마 신화나 성경의 장면을 적절히 섞어 신비로운 그림을 그렸던 화가로, 그의 풍경화는 격조 높은 장르인 역사화로 전환되었다. 그는 프랑스 출신으로 이탈리아에서 삶의 대부분을 보냈으며 화가의 작품 대부분이 현재 영국에 남아있다. 영국 귀족들은 로랭의 그림 속 정원을 당시 유행했던 프랑스 기하학식 정원을 대신하여 만들어보기로 결심한다. 여기서 '픽처레스크 양식', 즉 '그림 같은' 정원이라는 말이 생겼고 이를 '풍경식 정원'이라고 부른다. 풍경화의 모습대로 정원을 만들었으니 그림같이 아름다웠다. 완만한 언덕과 로마식 다리, '모든 신을 위한 신전'이라는 뜻의 판테온(Pantheon) 같은 둥근 건축물, 적절하게 식재된 나무, 자연스러워 보이는 이 풍경은 실은 가장 인공적인 자연이다. 대표적인 것이 바로 스타우어헤드(Stourhead) 정원이다. 귀족 헨리 호어 2세는 젊은 아내와의 사별 후, 상심을 달래고자 3년간 이탈리아 여행을 다녀온 후 그림과 같은 정원의 조성에 공을 들였다. 정원의 한 지점에서 바라본 정원의 풍경은 로랭의 그림 속 풍경과 똑같아 보는 이들을 놀라게 한다. 2005년 키에라 나이틀리가 주연한 영화 '오만과 편견'에 등장하는 정원이 바로 스타우어헤드 정원이다. 다아시(Darcy)가 엘리자베스에게 비오는 날 다리 위에서 사랑을 고백하는데 그 로맨틱한 다리가 바로 스타우어헤드 정원에 있다.

　〈정원의 역사〉를 쓴 프랑스 저널리스트 자크 브누아 메샹(Jaques Benoist-Mechin)은 영국 풍경식정원을 반(反)정원 또는 가짜 정원이라고 그 가치를 폄하했다. 그는 그 이유에 대하여 풍경식정원은 "정원을 예술작품의 영역에 끌어 올리는 일체의 양식을 거절하고 '풍경에 어울리게 해야 한다'는 단호한 욕구는 위대한 정원 예술과 대립"[4]되기 때

4　자크 브누아 메샹, 2005, 정원의 역사(이봉재 옮김), 르네상스, p.35.

문이라고 했다. 풍경식정원은 자연을 지나치게 모방하여 정원예술로서의 가치가 떨어진다는 것이다. 그래서인지 그는 영국 풍경식 정원을 그의 책에서 빼버렸다. 하지만 그는 미국으로 건너 간 영국 풍경식 정원이 근대 시민에게 도시공원이라는 공공의 공간을 조성하는 조경이라는 새로운 분야의 탄생에 지대한 영향을 준 그 가치를 제대로 알지 못했다.

조경을 위한

용어 에세이

공원

공원

　　오늘날 도시공원녹지의 대표인 도시공원은 도시의 골격을 형성하는 도시계획 시설의 하나다. 도시의 공원은 시민들에게 과밀한 도시지역 시민에게 휴식과 휴양, 운동, 산책 등의 다양한 위락공간을 제공하고 도시환경과 생태계 보호 등에 기여하여 도시의 생활환경을 개선시키는 장소로 인식되고 있다. 특히, 시민의식의 성장과 여가생활의 보편화, 여가문화의 다양화 등과 함께 도시환경의 악화, 각종 도시문제의 등장으로 인해 삶의 질을 중시하는 사회 분위기 고조 등으로 도시공원의 필요성은 더욱 부각되고 있다.

　　이러한 도시공원의 기원은 고대로 거슬러 올라간다. 고대 서아시아에서는 이미 자연적인 숲에 사람의 손이 가해진 사냥터가 존재했다고 전해지며, 이후 각 시대마다 왕족이나 귀족이 사냥을 즐기던 수렵원, 즉 사냥터가 조성되었다. 이러한 수렵원은 오늘날 도시공원의 원형으로서 숲을 중심으로 짐승이 잘 자랄 수 있도록 수목을 식재하고 잔디밭과 연못을 조성하거나 신전을 건립하여 사냥과 향연, 제사를 위한 장소로 이용했다. 그러나 당시의 이 수렵원은 엄밀하게 말하자면 일반 시민을 위한 장소가 아니라 귀족이나 왕족 등의 제한된 상류층을 위한 사유지였다.[1]

　　또한, 그리스와 로마에는 야외생활, 사교, 운동 등이 성행하여 오늘날의 공원과는 그 개념이 약간 차이가 있긴 하지만 도시의 광장, 즉 아고라(Agora)나 포름(Forum)을 비롯하여 성림(聖林), 운동장, 경기장 등이 생겨났으며 이곳은 녹음수(綠陰樹)나 조각 그리고 관상용 식물 등으로 아름답게 장식되었다. 그리고 폼페이 유적의 발굴에 의해 고대 로마에서도 좁은 밀집주택 주위에 레크리에이션을 위한 공원녹지가 확보되어 오늘날의 광장 또는 소공원적인 성격을 지닌 공간이 비교적 발달하였다는 것이 밝혀졌다.[2]

1　김수봉, 2004, 공원녹지정책, 대영문화사, p.37.
2　針ヶ谷鐘吉, 1977, 西洋造園変遷史, 誠文堂新光社, p.308.

시간이 흘러, 중세를 지나 르네상스 시대가 시작되면서 상류계급의 전유물이었던 아름다운 노단식 그리고 기하학식 개인정원은 영국에서는 풍경식 정원(Landscape Garden)이라는 이름으로 탄생하였다. 18세기 영국 <풍경식 정원>형식을 띤 공원은 르네상스를 거치면서 유행한 풍경화와 당시 민주적 영국인들에게는 어울리지 않았던 권위적 기하학식 정원에 대한 비판에서 나온 당시 영국의 사회적 문화적 변동, 특히 자연미에 대한 각성을 통한 픽처레스크(Picturesque)의 정원관의 영향에 의해 탄생되었다. 영어 'picturesque'는 이탈리아어의 'pittoresco', 프랑스어 'pittoresque'를 영어화한 단어이다. 이 말은 '그림과 같은 like a picture'이라는 의미에서 유래되었다. 이때의 그림이란 17세기의 풍경화 특히 클로드 로랭(Claude Lorrain)의 풍경화에서 발견되는 자연풍경을 의미한다. '미' 또는 '숭고'의 이론이 전문적인 미술 이론가 또는 미학자에 의해 논의된 데 반해 픽처레스크 취미의 현상과 이론의 정립에는 자연과 예술을 사랑하는 아마추어 이론가들이 주요 역할을 했다는 점이 주요한 특징이며,[3] 이러한 픽처레스크 취미는 자연 또는 자연적인 것을 선호한다. 즉 풍경식정원이란 당시의 정원관인 픽처레스크 취미를 반영한 <그림 같은 정원>이라고 부를 수 있겠다. 이 <풍경식 정원>은 인공적이고 제한적인 공간에서 탈피하여 시각적으로 개방된 식재지역을 별장 주변에 조성하여 승마와 산책 등과 같은 레크리에이션활동이 귀족들을 중심으로 이루어졌다. 영국에서 픽처레스크 취미가 형성된 시기인 1730년에서 1830년은 고전주의와 구별되는 자연주의의 특성을 지니면서 동시에 낭만주의로 이행되는 시기였다. 픽처레스크이론의 정립에 영향을 준 것은 당시 귀족자제들이 성년이 되는 교육의 마지막 단계로 떠난 유럽으로의 대여행(Grand Tour)에 동참했던 학자와 부유한 서민들이 이탈리아와 유럽의 자연 못지않게 영국 풍경의 아름다움에 주목했기 때문이었다. 그리고 당시 산업혁명으로 야기된 자연의 파괴와 인구의 과도한 도시집중으로 인해 생겨난 각종 사회문제 등은 영국인으로 하여금 자연에 대한 향수를 불러 일으켰으며 이 또한 픽처레스크 취미형성에 영향을 주었다[4]. 픽처레스크는 18세기 말 영국인의 자연에 대한 사랑과 민족적 자부심

---

3   마순자. 2003. 자연, 풍경 그리고 인간.
4   마순자, 2003, 자연, 풍경 그리고 인간, pp.141-145.

이 결부되어 이루어진 '자연예술'의 취향이라고 정의할 수 있다. 그것은 18세기 말 영국의 엘리트들이 즐긴 일종의 '지적 유희'의 성격으로서 자연을 회화적으로 감상하는 태도에서 비롯되었다. 그리고 이를 통해서 시, 회화, 정원, 건축, 여행이 하나의 '풍경 예술'로 결합될 수 있었으며[5] 이로 인해 영국의 풍경식 정원이 탄생하게 되었다고 하였다.

영국은 산업혁명을 거치면서 존재해오던 왕족(Royal Park)이나 귀족 소유의 정원을 일반시민에게 개방하고 양도함에 따라 '공원(公園, public park)'으로 전환되는 경로를 거친다. 봉건제도의 붕괴 이후, 시민혁명과 산업혁명으로 인간으로서의 존엄과 권리를 찾게 된 시민계급은 과거의 왕후나 귀족들의 생활양식을 동경하고 그것을 그대로 받아들이고 싶어 하였고, 이러한 욕구가 지배층의 전유물이던 개인정원(私園)을 대중에게 공원(公園)으로 개방시켜 공공성을 띠게 하였다.[6] 그러나 이렇게 대중에게 개방된 공원들의 대부분이 상류층이 거주하는 지역에 존재하였고, 산업혁명 이후 급격한 도시화와 산업화로 하류층의 생활환경은 열악한 상태를 벗어나지 못하고 있었다. 이에 대하여 당시 영국 사회개혁가였던 에드윈 채드윅(Edwin Chadwick, 1800-1890)경이 중심이 된 특별위원회에서는 <하층계급의 건강과 도덕에 미치는 공공산책로와 정원의 효과>에 관한 이론을 제시했다. 특히 이들의 주장에서 주목해야 할 것은 교외의 규격화와 통풍을 위해서 뿐만 아니라 대중의 여가와 안식에도 기여할 수 있는 새로운 형식의 공원을 개발할 것을 요구했다.[7] 그들과 함께 사회개혁가들은 하층계급을 위한 위생과 공중보건을 위한 법제도의 개선에 힘썼다.

산업혁명 이전의 도시는 규모가 작았기 때문에 도시 안팎에서 자연과 접할 기회가 많아 공원이 필요 없었으나, 산업혁명 이후의 도시는 짧은 기간 동안 조성된 인공적인 환경일 수밖에 없었다. 그래서 자연과 접하고 여가생활을 즐길 수 있는 '자연'의 모습을 축소, 모방한 공원을 도시 내에 만들고자 하는 생각이 시민에게 설득력을 얻게 되었다. 즉, 산업혁명 이전의 도시가 "자연 속의 도시(city in nature)"였다면 산업혁명 이후의 도시는 "도시 속의 자연(nature in city)"이라는 발상에서 공원이 조성되기 시작하였다고도 할

5   마순자, 2003, 자연, 풍경 그리고 인간, p.161
6   강병기 외 2인, 1977, 도시론, 법문사, p.230.
7   Francoise Choay, 1996, 근대도시(이명규 역), 세진사.

수 있다.[8] 즉 "본래 공원은 산업화 시대의 도시문제 해결을 위한 방안으로 고안되었고, 도시에 도입할 자연이자 노동자들을 지원할 위생설비, 하수도 시스템 등과 같은 성격으로 등장한 것이었다."[9] 이렇듯 초기 도시공원은 산업도시를 위한 사회적 요구에서 시작되었고 지금 우리가 생각하는 도시공원과는 사뭇 다른 의미를 가졌다. 그래서 당시의 공원을 단순히 정원의 확장이라거나 도시 속의 자연 공간 정도로 이해되어서는 안 된다. 이 시기에 등장한 대표적인 도시공원으로 영국에는 버큰헤드파크와 미국에는 센트럴파크가 있다.

8 신동진·진영효, 1995, "도시공원의 설치 및 관리 개선방안에 관한 연구", 국토개발연구원, p.14.
9 공원_공유하는 일상: 우리 도시의 진화하는 공원(上) http://www.lafent.com/inews/news_view. html?news_id=108404 2024년 1월 10일 검색.

조경을 위한

용어 에세이

버큰헤드파크

버큰헤드파크

영국에서 '그림과 같은 정원'을 만들어내기 위해 많은 과학이 동원되었다. 그 좋은 예가 바로 영국 데본셔 가문이 자랑하는 '채스워스(Chatworth) 하우스'다. 프랑스식 정원을 영국풍경식 정원으로 채스워스를 재조성할 때 낙차가 크게 떨어지는 아름다운 폭포를 만들기 위해 루이 14세의 베르사유 정원에 조성에 참여한 프랑스 엔지니어 그리예(Grillet)를 초청하였다. 잘 아시다시피 베르사유 정원의 유명한 호수와 아름다운 분수들은 루이 14세의 명령에 의해 인공적으로 조성된 것이다. 당시 베르사유정원은 지름 10m의 물레바퀴 14개를 말 수십 마리가 돌려 물을 끌어올렸다. 전기도 없던 시절이었기 때문이다. 채스워스 하우스를 물려받은 6대 데본셔 공작(1790~1858)은 프랑스 엔지니어 그리예의 분수에 만족하지 못했다. 공작의 상트페테르부르크에 있는 황제의 여름 궁전보다 더 멋진 분수대를 만들기로 한 욕망을 실현시켜 준 사람이 바로 조셉 팩스턴이었다. 그는 공작의 친구이자 그의 꿈을 실현해주는 엔지니어였던 팩스턴은 1844년 하늘 위로 90m를 솟아오르는 높은 분수대를 만들어 출세 가도를 달린다.

팩스턴은 원래 건축가가 아니라 정원사 겸 온실 설계자였다. 식물에 조예가 깊었던 팩스턴은 남미산 열대 수련의 꽃, 즉 '빅토리아의 수련'을 빅토리아 여왕에게 바쳤다. 열대 수련은 잎의 지름이 150㎝가 넘어 어린이가 그 위에 올라가도 될 만큼 튼튼했다. 팩스턴은 그 수련을 키우며 지붕의 서까래처럼 서로 연결돼 있는 수련의 엽맥 때문에 열대 수련이 튼튼하다는 사실을 알아내고는 이를 수정궁의 설계에 응용했다. 1851년 5월 1일 런던박람회가 열리면서 빅토리아 여왕이 박람회장을 열다섯 번이나 방문할 정도로 영국인들의 관심은 그 어느 때보다 높았다. 그것은 바로 팩스턴이 설계한 런던박람회의 최고 명물 '수정궁(Crystal Palace)' 때문이었다. 수정궁은 길이 563m, 너비 124m, 높이 33m에 이르는 벽돌 한 장 사용하지 않고 철골과 유리로 지어진 건축 공학적으로 혁신적인 온실 건물이었다. 중앙 기둥 없이 조립식으로 연결해 설치와 해체가 간편한 구조였기에 수정궁은 만국박람회 후인 1852년 해체돼 교외로 옮겨져 재조립되었다. 이후 수십 년 동안 쇼, 전시회, 음악회 등이 열리는 명소로서 사랑받던 이 기념비적 건물은 1936년 화재로 소실되고 말았다.

영국을 중심으로 산업도시 노동자와 민주주의 성장으로 자연을 즐기고 활용하고자 했던 시민의 욕구가 한창 무르익어갈 무렵 '수정궁(Crystal Palace)'을 설계한 조셉 팩스톤(Joseph Paxton)이 리버풀에 초빙되어 도시공원을 설계하였다. 영국에서는 산업혁명이 최성기(最盛期)에 달한 1840년대에 도시문제 등 사회적 모순 해결의 한 방법으로 지식인, 시민 등이 주도한 공원개설 촉진대회가 개최되었고,[1] 이러한 요구를 수용한 대표적인 공원이 바로 팩스턴이 설계한 리버풀 교외의 버큰헤드파크(Birkenhead Park)다.

조셉 팩스턴은 버큰헤드파크를 설계할 때 브라운의 전통을 살려 도시 내 저습지이면서 척박한 진흙땅 120에이커의 부지에 수목이 많은 지역과 중앙의 잔디광장을 대비시키고, 산책로가 있는 공원구역과 스포츠와 게임을 위한 오픈스페이스 구역의 균형을 맞추었다. 이 같은 오픈스페이스(open space)의 도입은 이전의 유럽의 정원에서는 찾아볼 수 없었던 것이었다. 또한 버큰헤드파크 내부 공간에서 가장 흥미로운 점은 두 개의 독립된 네트워크에 의해 만들어진 동선이다. 하나는 보행자들을 위한 좁고 불규칙한 원로와 또 다른 하나의 동선은 외곽을 따라 공원을 가로지르는 마차나 말을 위한 도로였다. 이러한 〈차도·보행로분리시스템〉은 유럽은 물론, 옴스테드(F.L. Olmsted)의 공원개념 형성과 공원녹지계획에 그 영향이 파급되었다. 버큰헤드파크는 공적 자금으로 조성되고 운영·유지된 최초의 공원이었다. 이러한 공원은 도시의 무분별한 성장과 도시의 위생문제를 해결하기도 하였으나 개발업자들은 공원 주변에 주택을 지어서 팔아 이익을 남기는 잠재적인 수입원으로 인식되기도 하였다. 버큰헤드지역은 쓸모가 없어져버린 땅이 아름다운 공원으로 바뀌어 시민들이 즐겁게 산책하고 운동할 수 있는 공원을 갖게 되었다. 이용객들이 몰려들자 인근 부동산 값이 올라 많은 세수를 올릴 수 있었으며, 일부를 고급 주택지로 분양하여 공원건설비를 쉽게 환수할 수 있었던 것이다.

1 田中正大, 1993, 日本の 公園, SD選書 87, pp.254-262.

새로운 이 제도가 영국 전역에 보급되기에 이르렀다.

 1847년 개장한 버큰헤드파크는 '시민공원(Public Park)'의 효시로서 미국 센트럴파크의 조성에 많은 영향을 주었다. 공원개장 3년 후인 1850년 미국인 프레데릭 로 옴스테드가 이곳을 방문했다. 그는 우연찮게 버큰헤드 파크를 보고는 무릎을 쳤다고 한다. 그가 본 것은 바로 공원의 공공성(publicness)이었던 것이다. 즉 그가 공원에서 보았던 버큰헤드파크의 주인은 바로 공원 주변의 이발사나 빵집 주인과 같은 일반시민들이었던 것이다. 공원의 소유는 왕이나 귀족이 아니었으며, 공원은 계급의 구분 없이 누구나 접근이 가능했고, 사람들은 공원의 레크리에이션구역에서 즐겁게 놀 수 있었다. 이 공원은 이전의 왕실소유의 정원을 개방했던 공원(로얄파크)과는 확연히 다른 모습이었다. 옴스테드는 19세기 대도시의 여러 가지 문제, 예컨대 산업화와 인구증가, 도시위생, 도시팽창 등의 도시문제를 한꺼번에 해결할 모델을 이곳에서 찾았다. 그로부터 8년 후, 미국 뉴욕시는 '뉴 파크' 설계를 전 세계에 공모했다. 옴스테드(F. L. Olmsted)도 영국인 건축가 복스(C. Vaux)와 함께 '풀밭(Green-sward)'이라는 이름의 설계안으로 공모전에 참가했는데 33개 참가작 중에서 그가 제출한 공원설계안이 최종 당선작으로 선정되었다. 그게 오늘날 뉴욕의 센트럴파크다.

센트럴파크

센트럴파크

영국의 버큰헤드파크는 산업혁명과 도시화로 생긴 도시문제, 특히 도시위생 개선을 주목적으로 계획되었으며, 19세기에 접어들면서 미국의 도시들도 영국과 마찬가지로 많은 도시문제로 그 환경이 점차 악화되고 있었다. 미국의 주요 도시들은 산업혁명의 영향으로 급속히 도시화가 진행되어 갔으며, 유럽으로부터의 이주민의 갑작스런 증가로 더욱 혼란스러웠다. 따라서 불결하고 비위생적인 도시환경을 개선하기 위해서 공중위생에 대한 관심이 고조되었고 시민들은 점차 신선한 공기, 운동과 휴식의 장소, 피로한 심신의 휴식처를 요구하게 되었다. 즉 미시각적, 환경적으로 질이 저하되고 있는 도시에서 해독제와 같은 역할을 해줄 공원의 필요성이 크게 증대되었다. 이러한 사회적 분위기와 필요에 따라 1851년 뉴욕시는 최초의 공원법을 통과시켰다. 이미 그 무렵 영국, 프랑스, 독일, 이탈리아 등 유럽 여러 나라에서는 오래된 정원을 개방하여 공원을 조성했으므로 미국의 움직임은 그리 새로운 것은 아니었다. 그러나 공원법 제정을 통해 시민의 여가와 후생을 목적으로 공공적 풍경을 법제화한 것은 당시로서는 주목할 가치가 있다고 하겠다.[1]

이를 계기로 1853년 7월 뉴욕 시의회 위원회에서 센트럴파크(Central Park)의 토지 수용법 안이 통과되었고, 1858년 뉴욕시의 중앙부에 344헥타르(ha)에 이르는 대규모 도시공원인 센트럴파크(Central Park)가 조성되었다.[2] 이 거대한 공원의 설계를 담당한 옴스테드(F. L. Olmsted)는 공원설계 설명서에서 센트럴 파크가 도시계획의 일부라고 밝히면서, 과밀한 도시지역 시민에게 있어서는 정신적인 위안이 현저히 필요하며 이를 제공하는 것이 공원의 목적이라고 서술하였다. 그리고 자연 풍경의 향유를 통해서 이러한 정신적

---

1 김수봉, 2004, 공원녹지정책, 대영문화사, p.41.
2 윤국병, 1997, 조경사, 일조각, p.137.

인 고뇌가 제거될 수 있다고 주장하였다.[3]

이처럼, 공원은 일부 개인의 전유물이 아닌 다수의 일반 도시민을 위한 공간으로 시민의식의 성장과 더불어 탄생하게 된 도시계획 시설이다.

왕이 존재하지 않았던 미국에서 옴스테드에 의해 만들어진 뉴욕의 센트럴파크(Central Park)는 진정한 의미에서의 공공공원(public park)의 시작이라고 할 수 있다. 그는 처음으로 영국 여행을 마치고 돌아와서 쓴 여행기에서 민주주의 국가인 미국이 지금까지 국민을 위한 정원이나 그와 유사한 그 어떠한 것도 생각하지 않고 있었음을 인정하면서 그때부터 대중을 위한 공원에 깊은 관심을 표명하였다. 영국 풍경식 정원의 바탕에는 낭만주의 원리가 있었다면 옴스테드 조경의 핵심인 공공적 경관, 즉 공공공원에 대한 이념은 청교도정신과 민주주의에 그 기초를 두고 있었다고 할 수 있다. 즉, 낭만주의와 청교도 정신이 근대 시민사회를 형성하는 사상적 기반이었으며 이것이 센트럴파크 조성의 근본정신이었다.

미국에서 공원의 필요성은 물론 옴스테드의 영국 기행문에서 시작되었지만 뉴욕의 센트럴파크의 조성사업은 시인으로 '미국시의 아버지'로 불리며 저널리스트로도 활동한 윌리엄 쿨렌 브라이언트(William Cullen Bryant)와 같은 지식층에 의해 주도되었다. 워즈워드(William Wordsworth)와 러스킨(John Ruskin) 같은 영국의 낭만주의자들의 영향으로 그들은 당시 미국사회의 물질만능을 비판하였는데, 대도시 귀족들이 동시대에 봉사할 의무가 있으며, 나아가 인간성 회복을 주장하였다. 그리고 그 구체적인 실천방식의 하나로 공원의 필요성을 역설하였다.[4] 옴스테드 도시공원 사상의 이념과 궁극적인 가치는 산업경쟁사회에서 친숙함과 심리적 위안을 의미하는 공공성(publicness)이라고 할 수 있다. 이는 옴스테드 도시조경의 중심 철학으로 도시성과 자연성을 중재하는 공원의 조성으로는 더 이상 순수한 자연을 재현하는 것이 아니라, 삶의 터전인 도시에 적절한 자연을 개입시킴으로써 도시생활을 변모시키고 지속시키는 현실적인 처방을 제시하고자 했다. 옴스테드의 또 다른 공원사상은 이념성과 실용성의 결합이었다. 그의 경

3   佐藤昌, 1968, 歐米公園綠地發達史, pp.221-227.
4   조경진, 2003, 프레데릭 옴스테드의 도시공원관에 대한 재해석, 한국조경학회지 30(6), pp.32-33.

관에 관한 사상은 위에서 언급했던 18세기 영국에서 시각적인 즐거움의 추구와 자연에 대한 애정에서 비롯된 픽처레스크 이론에 근거하고 있다. 그는 미국경관의 특징인 야생과 문명, 즉 숭고미와 우아미의 융합을 픽처레스크라는 미학적 이상으로 표현했는데 바로 센트럴파크가 이 픽처레스크 미학이 실현된 대표적인 공원이었고, 푸른 잔디밭은 숭고미(崇高美), 도시적 미가 풍기는 몰(Mall)은 우미(優美) 그리고 구불구불한 산책길은 픽처레스크 미가 표현되는 공간이었다. 옴스테드는 영국 정원의 미학이론을 미국적 관점에서 재해석하여 미국의 도시공원에 도입하였다.[5]

센트럴파크의 탄생은 정치적인 압력과 시민들의 요구로 인하여 맨해튼 중심에 부지를 선정하고 토지를 매입하면서 시작되었다. 후에 조직된 위원회에서 공원의 배치에 대한 설계안을 공모하여 1858년 옴스테드와 그의 동료 영국인 건축가 캘버트 복스(Calvert Voux)의 작품 Greensward Plan이 1위로 당선되었다. 옴스테드는 주임기사로서 센트럴파크 건설을 담당하였으며 이 기간 동안 당시의 도시행정의 모순과 투쟁하면서 조경가로서의 그의 주장을 관철시키기 위해 노력했다. 이때부터 조경가라는 명칭이 사용되기 시작했다. 따라서 센트럴파크의 조성과 더불어 조경이라는 전문직이 탄생되었다고 하겠다. 즉, 조경은 근대시민사회에 의해 탄생된 민주주의와 관계가 있다고 할 수 있다.

---

5 조경진, 2003, 프레데릭 옴스테드의 도시공원관에 대한 재해석, 한국조경학회지 30(6), pp.32-33.

프레데릭 로우 옴스테드

* 사진 자료 : 프레데릭 로우 옴스테드(1822~1903)
https://en.wikipedia.org/wiki/Frederick_Law_Olmsted 2024년 2월 5일 검색.

프레데릭 로우 옴스테드

　　미국 조경의 아버지 프레데릭 로우 옴스테드는 1822년 4월 22일 미국 코네티컷 州 하트포드市에서 태어났다. 옴스테드 조경관의 뿌리가 되는 자연관 형성에는 자연을 좋아하여 틈만 나면 가족과 이곳과 저곳을 함께 여행했던 어린 시절 아버지의 영향이 컸다. 옴스테드는 16세가 되던 해에 필립스 아카데미를 졸업한 후 예일대학 진학을 준비했으나 개옻나무 중독으로 시력이 약화되어 진학을 포기함으로 인해 체계적인 고등교육을 못 받았다. 그는 열정적인 독서와 청강으로 여러 이론을 익히고 글쓰기를 통해 내실을 다졌다. 소년기에는 "풍경이 상상력을 자극하여 강력한 효과를 낸다"는 폰 찌머만의 저서에 큰 감명을 받았고 그 후 우베데일 프라이스(1794)의 풍경론(an essay on the picture)과 윌리엄 길핀의 '숲 풍경에 관한 소고(remarks on forest scenery)'를 읽은 후 풍경은 무의식적 과정을 통해 작용하여, 도시생활의 심한 소음과 인공적인 환경에 의해 긴장된 인간의 마음을 편안케 하고 "풀어주는" 효과를 발휘한다는 그만의 독자적인 경관에 대한 관점을 가지게 된다.[1] 많은 답사여행과 농업활동, 토론으로는 실질적인 산지식을 몸으로 익힐 수 있었던 것은 부유한 상인이었던 아버지 덕택이었다. 옴스테드는 정규 대학교육을 마치지 않고도 산지식을 토대로 지식인으로서의 면모를 하나씩 다져 당시의 타 지식인처럼 시민계몽과 사회변화에 높은 관심을 가진 참여 지식인으로 변모한다.[2]

　　어려서부터 농업에 흥미를 가졌던 그는 20대부터는 근대적 농업경영자로서 성공하였다. 여행가이기도 했던 그는 27살 때 형과 친구와 함께 영국으로 건너가서 처음으로 외국의 풍물을 접했는데, 그 여행에 관한 감흥을 적은 책이 〈미국 농부의 영국 견문기

1　Olmsted's Philosophy, Http://fredericklawolmsted.com/ 2024년 1월 10일.
2　오정학, (연도미상) 옴스테드와 조경의 정체성, 한양대학교 도시대학원 연구페이퍼.

(Walks and Talks of an American Farmer in England)⟩[3]다. 이 여행은 그에게 두 가지의 큰 의미를 부여하였다. 하나는 그가 풍경식 정원과 공원에 흥미를 가지게 된 것이고, 또 하나는 노예 문제가 가진 비인도적인 면에 대하여 심각하게 고민하기 시작하였다는 점이다. 이 두 가지는 후에 그가 조경가로서 큰 활약을 하는 데 있어서 커다란 계기가 되었다.

영국에서 귀국 후, 그는 신문사의 기자가 되어 미국 남부지방의 흑인 노예문제를 취재하였다. 그의 노예문제에 관한 기사는 많은 사람들 사이에 화제가 되었으며 문필가로서 그의 위치를 확고히 하였다. 나중에 그는 노예 제도의 반대자로서 남북전쟁에 참가한다.

이와 같이 옴스테드의 삶은 농부, 문필가 그리고 사회평론가 등과 같이 조경과는 별로 관계가 없는 일에서부터 시작되었다. 청년기부터 원예가로서 유명했으며 26세 때 이미 정원이론의 명저를 남긴 조경가 다우닝과는 달리 옴스테드는 그 와는 매우 다른 삶을 살았다. 그러나 옴스테드가 겪었던 청년시절의 다양한 경험은 조경가로서 그의 사상을 형성하는 데 중대한 영향을 미쳤다. 옴스테드는 19세기 당시 도시는 악이며 자연은 지고의 존재로 선을 상징하는 것이라는 사상을 가진 초월주의자(transcendentalism)[4] 그룹의 선두 주자였던 소로우(Thoreau)와 에머슨(Emerson) 등의 자연관으로부터 큰 영향을 받았다. 옴스테드는 도시의 자연인 공원의 도입은 곧 선으로서 불안과 공포로 가득한 대도시에서 인간성을 회복하기 위한 한 방편으로 생각했다.

옴스테드의 또 다른 공원에 관한 생각은 도시공원을 사회문제를 해결하는 건강한 레크리에이션의 장소를 제공하는 것이었다. 즉 공원에서 시민들이 편안한 휴식을 취하게 하여 도시생활의 스트레스를 없애고 새로운 에너지를 충전하게 하는 장소로 공원을 조성하려는 의도가 있었다. 아울러 여러 계층이 융합하는 공원에서 일반 노동자들에게 상류계층의 매너와 생활방식을 배우게 하려는 의도도 있었다는 것이다. 이것은 옴스테드가 공원이 당시의 산업화로 인한 도시문제를 통제하는 메커니즘으로서의 역할

---

3 Olmsted, F. L., 1850, Walks and Talks of An American Farmer in England, New York, Dix, Edwards & Co.
4 19세기에 미국의 사상가들이 주장한 이상주의적 관념론에 의한 사상개혁운동으로 문명비평이나 문학운동에 가까웠다고 한다.

을 한다고 믿었음을 말해주는데, 결국 옴스테드의 공원은 도시를 살리고 사회체제를 유지하는 소극적인 방어 기제였던 셈이다. 즉 19세기 미국의 공원은 도시 노동자들을 교화하고 그들 가족을 지켜야한다는 미국 지식인들의 사회적 소명의 발현이었다고 하겠다.[5]

옴스테드의 센트럴파크는 대지를 구성하는 방식이 영국의 낭만적인 풍경양식을 따랐을 뿐이지 원래는 뉴욕의 도시문제를 해결하기 위한 잘 준비된 도시계획의 산물이었다는 주장도 있다. 즉 뉴욕의 수돗물을 공급하는 유수지인 센트럴파크 지역을 도시의 난개발로부터 보호하기 위해 공원으로 만들었다는 설득력이 있는 의견이 그것이다. 센트럴파크는 뉴욕의 격자망을 통해 성장해가면서 생기는 문제점을 해결하기 위한 제2의 도시계획이었다.[6]

그래서 옴스테드는 도시공원을 도시의 사회적 문제 해결뿐만 아니라 물리적인 도시문제를 해결하는 매개로도 적극 사용했던 것 같다. 그는 도시계획분야의 전문가였다.

옴스테드가 조경가로서의 활약은 1857년 뉴욕시의 센트럴파크(Central Park) 건설현장 감독으로 임명되면서 시작되었다. 이때가 그의 나이 35살이었다. 이때부터 46년 동안 그는 미국 '조경의 아버지'로 칭해질 정도로 훌륭한 업적을 남겼다. 공원조성의 초기부터 옴스테드는 파리를 개조한 오스만남작처럼 미래에 대한 전망을 가지고 있었다. 우선 언젠가는 공원 주위가 건물에 의해 둘러싸일 것을 예견하여 모든 시민들이 그 공원의 경관을 구경할 수 있게 공원의 면적을 843에이커의 대규모로 하였다. 옴스테드는 뉴욕의 장래인구가 200만이 될 것으로 추정하고 센트럴파크가 뉴욕의 중심지가 되어야 함을 주장했으나, 1903년 그가 사망할 당시 뉴욕의 인구가 이미 400만에 이르렀다. 그는 교외에서 휴일을 보낼 수 없는 도시 노동자들이 이 공원 안에서 교외에서처럼 휴식을 누려야 한다고 주장했다. 이러한 문제의 해결은 19세기 후반을 풍미했던 서큘레이션 네트워크의 개념을 도입하여 큰 효과를 보았다. 우선 공원의 모습은 한 폭의 전원풍경처럼 그리고 공원경계에 지어질 건물들을 차폐하도록 설계되었다. 그리고 옴스테

5 조경진, 2003, 프레데릭 로 옴스테드의 도시공원에 대한 재해석, 한국조경학회지 30(6), pp.28-32.
6 최이규 외, 2015, 시티 오프 뉴욕: 뉴욕거리에서 도시계획을 묻다, 서해문집, p.24.

드는 공원 내의 모든 교통시스템을 분리하였다. 공원은 역사상 최초로 4개의 교통망(보행자용, 마차용, 서행 또는 급행차량용)이 동시에 독립적으로 기능하도록 설계되었다. 또 옴스테드는 터널이나 고가도로, 불규칙적인 지형을 이용하여 3차원적인 활용을 도모하여 그 자신의 시스템을 실현했다.

옴스테드는 유럽의 전통적인 방법으로 공원을 설계하지 않았다. 그는 자연을 가공하거나 순화시키는 방법 대신에 그것을 거의 원초적인 상태로 유지해 훼손되지 않도록 신중하게 설계하였다. 그의 목적은 도시구조 속에 있는 자연을 있는 상태 그대로 대치시키는 것이었다. 이로 인해 도시는 보다 도시다워졌고 자연은 보다 자연다워졌다. 아스팔트와 석조로 만들어진 규칙적인 바둑판 모양의 도시가 형성되는 과정에서 경관의 특성이 억압당했던 맨해튼 지역에 옴스테드는 지형의 특성과 그 지구 고유의 불규칙적인 지세의 성격을 보존하는 쪽으로 가닥을 잡았던 것이다. 그는 공원 주변에 세워질 미래의 만리장성, 즉 빌딩숲으로부터 그 공원을 지키기 위해 노력했다. 심지어 나무를 심는 데 이용된 정원기법조차 대립과 대비의 원리에 기초하였다.

그가 남긴 최대의 업적 중의 하나는 종래의 풍경식 정원(Landscape Garden)을 조경(Landscape Architecture)으로 그 명칭을 바꾸면서 근대 조경의 이론과 방법을 확립한 것이다. 그는 조경의 대상 영역(target area)을 확실하게 확립하였는데 이는 근대조경을 왕과 귀족 소유의 정원과 같은 사적(私的)차원에서 시민을 위한 공원과 같은 공적(公的)차원으로 바꾸려는 시도를 하였다.[7] 시민을 위한 조경의 개념은 이미 다우닝에 의하여 시작되었지만 영국 풍경식정원의 영향은 막강하였다. 그래서인지 19세기 전반에 보여주었던 그의 노력은 주로 지방주택의 정원에 한정되었다. 그러나 19세기 후반에 접어들면서 남북전쟁이 발생하고 민주주의의 참된 의미가 논의될 무렵에 종래의 전통적인 정원이 상류계급의 상징이었던 특징은 옴스테드에 의하여 비판의 대상이 되었으며 결코 용납될 수 없는 것으로 간주되었다. 따라서 미국의 「Landscape Architecture」는 미국 민주주의의 발전과 더불어 생겨났다. 그는 통합된 조경 이론서를 발간하기도 했으나 옴스테드는 이론가로서보다는 실천가로서의 이미지가 강했다. 그러나 이것이 결코 그

---

7 Newton, N. T., 1971, Design on the Land, pp.267-271.

가 조경이론에 대한 지식의 기반이 약했다는 것을 의미하는 것은 아니었다. 그가 청년 시절 사상가로서 활약했던 전력으로 미루어 볼 때 이론가로서 그의 능력은 충분히 인정되어야 한다. 그는 실천을 통해서 사상을 현실화시켜나가는 조경가의 직능성(職能性) 혹은 전문성(專門性)을 확실히 하려 했다. 이는 그가 남긴 40개가 넘는 공원계획과 국립 공원의 제정, 그리고 자연보호계획 등과 같은 수많은 업적을 통해서 옴스테드가 얼마나 조경과 대중의 관계를 소중하게 생각했는지를 알 수 있다. 그의 이론은 실제로 옴스테드의 사무실에 근무했던 많은 후배 조경가들에게 계승되어 커다란 성공을 거두었다.

자연미(自然美)

자연미(自然美)

일본 교토대학교(京都大學) 교수였던 나카무라 마코토(中村一)[1]는 조경의 매우 중요한 주제는 자연이라고 전제하였다. 조경이 다른 건설업인 토목이나 건축과 구분되는 특징은 흙이나 수목, 암석 그리고 물과 같은 자연 재료를 사용하는 것이라고 했다. 이러한 자연 재료를 사용하여 자연미를 표현하는 것이 조경의 큰 목적 중의 하나이며, 자연미를 연구하는 것은 조경의 본질을 연구하는 것이라고 주장했다. 나카무라 교수는 추구하는 자연의 미를 가공도가 적은 대상의 미, 즉 가공은 되지만 그 가공의 정도가 적은 대상의 미를 말하며, 그것은 손을 직접 사용하여 만드는 수공의 미를 의미한다고 하였다. 예를 들면 조경 공사에서 손을 직접 사용하는 일이 건축이나 토목에 비해 대단히 많고, 손으로 하는 작업의 장점을 계승하는 것이 자연미를 키워 나가는 것이라고 하였다. 그의 주장에 따르면 조경과 직접적으로 관계가 있는 원예(園藝, horticulture)는 ❶농업의 한 분야로 라틴어 hortus(園)와 cultra(藝)에서 나왔으며 채소, 과일, 화초 등을 심어서 가꾸는 일이나 기술, 즉 경작을 의미한다. ❷이 원예 작업인 경작은 인간과 대상 사이의 매개가 적다. ❸매개를 수단이라고 생각하면 복잡한 기계보다는 간단한 도구를 이용하는 것이 자연미를 구현하기 쉽다고 했다.

조경을 탄생시키는 데 지대한 공헌을 한 초창기 서양의 풍경화는 자연 경치만이 그림의 주제가 되어 인간이나 동물, 인간 문화의 각종 산물인 집, 다리, 수레와 같은 것은 화면에 일체 표현되지 않은 순순한 그림이었다. 집, 다리와 수레와 같은 요소들이 나타난다 하더라도 자연 경치가 그려진 부분이 상당한 면적을 차지하였다. 19세기 풍경화가인 존 콘스터블(John Constable)의 '건조 마차'라는 그림을 보면 밝은 한나절에 얕은 물을 수레가 평화스럽게 건너고 있다. 왼편에는 전형적인 농가가 있고, 고요한 정경에, 개

---

1 中村一, 1984, 축소와 자연미, 한국조경학회지, 13(1), pp.131-134.

가 뛰어나와 움직임을 더해 주고 있다. 컨스터블은 과학자와 같은 눈으로 아침과 저녁의 작은 변화와 차이에서 자연의 취향이 어느 정도로 변화하는지를 관찰하고 있다. 이 작품은 나무 그늘의 습기나 근처의 물기에서, 흰 벽이나 물의 한 끝을 밝히는 어둠을 통해 비치는 광선까지 보는 사람으로 하여금 사실적으로 그 곳을 느끼게 하는 정밀한 묘사를 보여주고 있다. 이는 19세기 사회 현실과 과학적이며 객관적인 현실의 관찰이라는 사실주의의 태도가 엿보인다.

근대 풍경화가 새로운 시각으로 바라본 자연은 지금까지의 인간의 배경으로서의 자연이 아니라 독자적인 법칙과 질서 그리고 미가 존재하는 실재적인 자연이었다. 이러한 자연에 대한 시각의 확대는 '예술 관념의 확대와 더불어 예술이란 무엇인가'라고 하는 기초적인 해답도 얻지 못한 채 종교적인 수용이나 특권층의 주문에 의하여 장인적인 역할을 했던 종래의 예술에서 탈피하여 예술의 자유라는 새로운 가치를 이끌어 내었다.

사실 철학자들 중에는 예술미보다 자연미를 더 높은 가치를 둔 사람도 있었고 자연미보다 예술미를 더 중시하는 학자도 있었다. 중세 기독교 시대에는 자연의 미는 신에 의해서 아름답게 창조된 것으로 대자연의 미는 예술미를 낳는 모태라고 여겨졌다. 중세에는 신의 위대한 작품으로 탄생한 자연은 인간의 모든 예술 활동의 절대적 모범이었다. 칸트(Immanuel Kant)는 그의 〈판단력 비판〉에서 '자연은 자연이 마치 예술인 것처럼 보였을 때 아름답고, 예술은 우리가 그것이 예술임을 의식할 때도 우리에게 마치 자연인 것처럼 보일 때에만 아름답'고 자연을 예찬 하였다. 그는 예술은 자연을 모방함으로써 아름다운 제작물을 만들며, 자연의 외적 현상만이 아닌 보이지 않는 자연의 원리와 생성과정을 모방한다고 생각했다. 그리고 예술가는 자연에서 가장 완벽한 것을 선택하여 조합함으로써 자연을 이상화한다고 믿었다.

칸트가 판단력 비판에서 예술미에 대한 자연미의 우월성을 주장하자 그것을 비판한 사람이 헤겔(Georg Wilhelm Friedrich Hegel)이었다. 헤겔은 美란 자연의 모방이 아니라 정신의 산물이라고 하면서, 자연미는 존재하지만 미는 엄밀히 말해 예술적인 것이라고 했다. 칸트가 예술미를 과소평가한 것은 미의 본성 자체에 대한 근본적인 오해에서 비롯된 것이며, 모든 미는 분명히 정신의 산물이라는 사실에 대한 무지를 드러낸 것이라고 했다.

헤겔은 신은 자연과 예술에서 美라는 형태로 나타나며, 객관과 주관, 즉 자연과 정신의 두 가지 형태로 표현된다고 하였다. 그에 따르면 美라는 것은 물질을 통하여 나타나는 관념의 빛이며, 진정한 美는 오로지 정신 혹은 정신과 관련된 모든 것이라고 하였다. 미는 관념의 표현인 것이다. 헤겔의 예술미의 핵심은 자연의 외양을 모방하는 것이 아니라 그 안에 있는 정신적인 것을 표현하는 것이다. 그에게 있어 풍경화에서 중요한 것은 자연에 느끼는 정서를 표현하는 것이다. 그는 예술은 '정신적인 것의 감각적 표현'이라고 정의하며, 이러한 정신성으로 인하여 예술미가 자연미보다 우월하다는 주장을 이끌어낸다. 예술미가 자연미에 비해 고급의 미로 취급되어 왔는데 이는 예술미는 인간의 정신에서 생기며 정신에서 재생산된 미이기 때문이다. 즉 예술미는 자연미보다 훨씬 더 고급의 미다. 그는 예술미는 고급의 미라하고 자연미는 저급미라고 했다. 자연미를 추구하는 헤겔의 이러한 분류는 자연미를 추구하는 조경을 직업으로 하는 사람의 의 입장에서는 기분이 나쁘다.

미학에서는 예술미에 대응하여 자연미를 논할 때 예술 작품이 아닌 자연발생적인 일체의 사물을 모두 자연의 범주에 귀속시키는 경우가 있다. 그러므로 풍경화에서 자연은 정신적인 관점이 아니라 물질적인 관점에서 본 인간의 눈으로 볼 수 있으며 손으로 만질 수 있는 바깥 세계 그 중에서도 옥외의 환경적인 상황을 의미한다. 따라서 조경의 주제인 자연이란 옥외의 모든 환경적 상황이며, 조경이 추구하는 자연미는 인위적 힘이 미치지 않는 야생 상태의 자연이 아니라 인간이 가꾸어 낸 문화적인 자연, 즉 풍경의 미라고 할 수 있다. 근대라는 시대적 배경에서 탄생한 조경은 기분이 좋지 않지만 이러한 헤겔의 주장에 동의해야 한다.

자연미와 예술미의 구분과 관련하여 나카무라 교수는 헤겔처럼 자연미와 예술미를 저급과 고급으로 구분하는 대신 초급과 고급으로 구분할 것을 제안하였다. 그의 주장에 따르면 '흔히 우리는 미를 저급과 고급으로 구분하는데, 이것은 저급을 가볍다고 느낄 가능성이 있다. 그러므로 미를 저급과 고급이 아닌 초급과 고급으로 나누어 달리 생각해 보면 초급이 결코 가벼운 것이 아니라 서로 대등한 관계가 된다. 초급이 없다면 고급도 존재 할 수 없으며 고급으로 가기 위해 초급의 미는 반드시 필요한 것[2]이라고 제안하였다. 조경이 추구하는 자연미는 고급의 미인 예술미에 도달하기 위한 초급의 미다.

여러분은 나카무라 교수의 이런 주장에 동의하시는가?

---

2 中村一, 1984, 축소와 자연미, 한국조경학회지, 13(1), pp.131-134.

조경을 위한

용어 에세이

디자인

디자인[1]

    디자인이라는 말의 유래는 지시하다, 표현하다, 성취하다의 뜻을 가진 라틴어 데시그나레(designare)라고 한다. 일반적으로 모두가 수긍하는 일원화된 디자인의 정의는 존재하지 않으며, 디자인이라는 용어는 각기 다른 분야에서 다양한 의미로 해석되고 응용되고 있다. 오늘날 디자인은 다양한 사물의 계획 혹은 제안의 형식 또는 물건을 만들어 내기 위한 제안이나 계획을 실행에 옮긴 결과를 의미한다.

  디자인이란 주어진 목적을 가지고 여러 가지 재료를 이용하여 구체적인 형태나 형상을 실체화하는 의장이나 도안을 말하기도 한다. 좁은 의미로 보면, 디자인은 아름다움을 뛰어 넘어 그 이상의 의미를 가지고 있다. 아무리 아름다운 모양을 가진 디자인도 생산 기술상의 문제나 생산 비용이 많이 들면 성공한 디자인이라고 할 수 없다. 소비자의 감성과 욕구에 맞는 제품을 새롭게 개발하고 경영 전략 및 생산 라인 구축에 까지 관여하는 것이 요즈음의 디자인이다. 디자인은 제품을 보다 아름답게 만드는 것을 뛰어 넘어 시장에서 소비자들에게 잘 팔릴 수 있는 형태와 새로운 기능, 불필요한 원가를 줄일 수 있는 솔루션까지 제공해야 한다.

  예술은 예술가 개인의 고뇌와 개인의 지적 활동을 통하여 '작품'을 창작하고, 디자인은 여러 디자인 관련 종사자들의 생각을 서로 나누는 과정을 통하여 '상품'을 만든다. 디자인을 통해 만들어진 상품은 시장에서 대중들의 기호를 만족시켜야 한다. 디자인 상품은 잘 팔려야 하고 회사의 이익을 창출해야 한다.

  디자이너는 그의 주관적인 생각을 디자인 회의 과정을 통하여 객관화시키는 작업을 해야 한다. 디자이너는 사회적, 도덕적, 환경적으로 그 책임이 막중함을 늘 인지해야 한다. 대량생산, 대량소비 시대의 디자인은 인간과 사회와 지구환경에 영향을 미치는 강

---

1 김수봉, 지속가능한 디자인과 사례, 서울: 박영사. pp.3-5.

력한 도구이며, 디자인을 통하여 인간은 우리를 위한 도구와 공간을 구체화하기 때문이다. 디자인은 인간이 만든 도구와 공간과 같은 창조물의 중심에 있는 영혼이며 눈에 보이는 지성이다.

디자인은 인간의 삶에 필요한 도구를 만드는 것과 관련이 있는 작업에서 시작되어 기술과 생산양식의 변화에 의한 사회 변화를 인식하고 현재를 어떻게 의도적으로 변혁시켜 갈 것인가를 고민한 소위 '근대프로젝트'였다. 근대라 함은 서양의 경우 영주와 농노 사이의 지배와 예속 관계에 기반을 둔 봉건시대 다음에 전개되는 시대를 말한다.

18세기 중엽 영국에서 시작된 기술혁신과 이에 수반하여 일어난 경제·사회 구조의 변혁이었던 산업혁명 직후의 디자인은 순수 미술의 미술적 요소를 산업에 응용하였다. 19세기 중반부터 왕족과 귀족의 자리를 차지한 자본가 계급에 의해 수공예라는 전통과 단절된 기계화에 의한 대량 생산방식을 기반으로 새로운 미학을 확립하였으며 그 과정에서 근대 디자인이 탄생하였다. 새로운 미학이란 제품을 아름답게 만들고 기능적이면서 효율적으로 만들어야 한다는 것, 다시 말하면 산업 기술과 예술을 하나로 합쳐 새로운 예술을 성취하는 것으로 근대 디자인은 곧 산업디자인을 의미한다. 당시 근대 디자인의 주요한 두 가지 가치 규범은 절대적인 미와 공리적인 기능이었다.

모던 디자인은 19세기 밀 윌리엄 모리스(William Morris)를 중심으로 근대적 조형 이념을 보급하고 당시 공업생산 중심의 산업에 반성의 계기를 제공하였던 소위 '미술공예운동'에서 시작되었다. 그가 주도한 미술공예운동은 산업혁명으로 인해 모든 것이 기계화되고 대량생산됨에 따라 생활의 아름다움을 잃어버릴 것이라는 문제 제기를 통해 과거의 장인정신을 부활시켜 가구, 벽지, 커튼 등 생활 속의 공예품을 직접 손으로 제작하는 움직임을 일컫는다. 그의 이러한 운동은 훗날 독일로 건너가 바우하우스(Bauhaus) 운동에도 커다란 영향을 미친다.

근대 디자인은 디자인이라는 언어를 통하여 당시 사람들의 생활이나 환경을 변화시키고 어떤 사회를 만들어 나갈지에 대한 분명한 목표와 문제의식을 가지고 있었다. 윌리엄 모리스는 현대 디자인의 아버지라 불린다.

20세기 전반 영국 공예예술운동에 영향을 받은 독일공작연맹은 단순한 공예운동이나 건축운동이 아니라 독일 공업계에 미술의 생활화, 기계 생산품의 미적 규격화 등을 주장하였다. 독일의 바우하우스는 독일공작연맹의 이념을 계승하여 예술창작과 공학 기술의 통합을 목표로 삼은 1919년 독일의 건축가 발터 그로피우스가 설립한 새로운 교육기관이었다. 바우하우스는 '짓다'란 뜻의 '바우(bau)'와 '집'을 뜻하는 '하우스(haus)'라는 의미의 조형예술학교다. 1919년 문을 열어 1933년 나치에 의해 폐교되기까지 불과 15년도 미치지 못하였다. 그럼에도 바우하우스의 철학은 현대 건축, 가구, 회화, 조각, 디자인 운동에 매우 의미가 있는 영향을 주었으며, 디자인의 근대화를 추구했다.

러시아 혁명 이후 기존의 정형미, 서사를 부정하는 것에서 시작한다는 아방가르드 디자인과 제1차, 제2차 세계대전 사이에 등장한 미국인들의 디자인 작업 등은 유토피아의 이미지를 추구했다. 미래의 이미지에 대한 1930년대의 사회주의, 파시즘 그리고 자본주의 관점에서의 해석은 오랜 시간의 이데올로기 투쟁을 거쳐 디자인으로 제시되었으나 전쟁으로 그 빛을 보지 못하였다.

디자인의 종류에는 크게 세 가지가 있다. 먼저 공업기술을 이용해서 인간 생활의 발전에 필요한 제품 및 도구를 보다 대량으로 생산하여 소비시킬 목적을 가진 산업디자인(Industrial Design)이 있다. 다음으로 인간 생활에 필요한 정보와 지식을 확장하고, 보다 신속하고 정확하게 전달하기 위해 사람의 시각에 초점을 맞춘 시각 디자인(Visual Design)이 있다. 마지막으로 인간 생활에 필요한 환경 및 공간을 보다 안전하고 쾌적하게 만들기 위한 환경 디자인(Environmental Design)이 있다.

조경은 위의 세 가지 디자인과 어떻게 연관이 되어 있는지 살펴보자.

산업 디자인은 대량 생산의 기술로 제작되는 제품에 적용되는 디자인의 과정으로, 핵심적인 특징은 디자인이 제조와 분리된다는 것이다. 제품의 형태를 결정하고 규정하는 창조적 행동은 제품을 만드는 물리적 행동에 선행해서 이루어진다. '조경설계기준'에 따르면 디자인에 의해 생산되는 조경 시설물은 조경포장, 배수시설, 휴게시설, 놀이시설, 운동시설, 수경시설, 관리시설, 안내시설, 환경조형시설, 경관조명시설, 조경구조물, 그리고 조경석 등이 있다. 이러한 조경 시설물 제품은 대량 생산의 기술로 제작되는 제품에 적용되는 디자인의 과정으로서의 산업 디자인의 영역에 들어간다고 할 수 있다.

2D 디자인, 최근에는 3D를 활용한 디자인까지, 특히 매체(media)에 의해 전달되는 디자인을 시각 디자인이라고 볼 때 조경은 시각 디자인의 성격을 가지고 있다. 예를 들면 클라이언트가 요구하는 업무를 대행해서 조경에 관련된 디자인이나 도면뿐만 아니라 매체를 통한 광고 영상처럼 각 매체의 특성에 따라 창의적인 표현 능력을 확대하여 주어진 주제를 명확하게 시각화하여 고객과 소비자들에게 설명하고 설득하는 분야에 속한다고 할 수 있다.

환경 디자인이란 계획, 프로그램, 정책, 건물, 제품을 고안할 때 환경적 변수를 극복하고 해결해나가는 과정을 말한다. 건축디자인 도시계획, 지역계획 등 우리들의 생활환경을 형성하는 데 직접적인 관계를 가지고 있는 디자인을 의미한다. 요즈음의 조경은 도시 개발과정에서 각종 자연자원 및 에너지의 과도한 사용에 의한 온실가스 배출, 생태계 파괴 등으로 훼손된 지역을 생태계 고유의 기능이 작동할 수 있도록 도시열섬현상, 도시 홍수 및 가뭄, 물 순환문제 등 각종 도시재난에 대응할 수 있는 디자인 전략으로, 환경 디자인의 일부다.

조경은 위의 산업 디자인, 시각 디자인 그리고 환경 디자인 세 가지가 잘 결합된 전문적이면서 인간 생활 전체를 고려하는 '토탈 디자인'이라고 말할 수 있다.

조경을 위한

용어 에세이

마을 숲

마을 숲

　　우리나라의 경우 전통적으로 정자나무, 공동우물, 제단 주변, 동네의 광장, 경치
좋은 계곡 그리고 마을 숲 등지에서 서민의 위락활동이 이루어졌으며 이러한 장소가
오늘날의 도시공원의 역할을 했다고 할 수 있다.

　마을 숲은 한국 사람들에게 고향의 원초적 향수를 불러일으키는 대표적인 고향 풍경
중 하나였다. 마을 숲의 형태는 오래 된 정자나무 한두 그루로 혹은 그 이상의 노거수
들로 형성된 조그만 숲으로 이루어진 동산이기도 하며 때로는 아주 대규모의 숲인 경
우도 있다. 마을 숲의 숲을 지칭하는 한자 용어로는 수(藪)를 들 수 있는데 이는 초목
이 빽빽이 우거진 습지나 수풀을 의미하고 있다. 마을 숲은 막이, 쟁이, 정, 정자 등으
로도 불리는데 이 중에서 막이와 쟁이는 지형을 보완하기 위해 조성되거나 바람 등을
막아 주는 용도의 마을 숲에서 나타나고, 정이나 정자는 마을 사람들이 휴식을 취하
는 숲에서 흔히 나타난다.

　마을 숲은 인류 문화의 시작이며 그 연원을 추측하여 볼 수 있는 곳으로서 특히 우리
나라 마을 숲에는 우리 고유의 독특한 토착 신앙적 문화가 깃들어 있다. 따라서 마을
숲은 마을에서는 마을의 운명을 주관하는 성스러운 숲, 즉 마을사람들의 종교적 섬김
의 대상인 성림의 역할을 담담해 왔다고 할 수 있다.

　이와 같이 다양한 배경을 지닌 마을 숲은 우리의 고유한 생활과 문화 그리고 역사가
녹아있는 농촌마을의 문화시설로서 대대로 이어져 내려온 삶의 흔적이며, 전통문화의
표상이라고 해도 좋을 것이다. 여러 고문헌에 따르면, 과거에는 마을 숲이 대부분의 마
을에 조성되었다. 오늘날에는 이미 상당부분의 마을에서 마을 숲은 사라져 버렸고 아
직까지 농촌 마을에서는 마을 숲이 그 실체를 유지하고 있다.[1]

1　김학범·장동수, 2005, 마을숲, 한국전통조경학회지 23(1): 145-149

한편, 전통 마을 숲은 마을의 전통적 공유지의 한 형태로서 그 역할과 기능을 수행해 왔다. 따라서 이들이 어떻게 공공적 측면에서 이용되어 왔으며, 어떠한 규제 사항들에 따라 활용에 제재가 있어 왔는지를 알아보자.

윤순진의 마을 숲 연구[2]에 따르면, 전통사회는 공유지에 대한 외부 잠재적 이용자들의 접근을 막고 내부 성원들의 남용을 통제하는 여러 가지 공동 규제 장치 발전하였다. 그 좋은 예가 송계(松契)와 송계산(松契山)이었다고 한다. 우리 민족의 역사 속에서 계모임은 상부상조라는 삶의 미덕을 바탕으로 하고 있다. 계모임은 동계(洞契), 촌계(村契), 부락계 등 마을 단위로 조직된 다양한 형태가 존재했다. 송계는 생활을 위한 독특한 계모임으로 산림을 보호하고 아울러 생활을 영위하는 데에 도움을 얻기 위한 계였다. 온돌 생활을 위해 땔감의 확보는 중요한 관건이었기 때문이다. 단지 취사 이외에도 추운 겨울을 지내기 위해서는 땔감을 어떻게든 확보해야만 했다.[3] 우선 송계는 조선시대 마을 주민들이 주변 산림의 자원을 고갈시키지 않는 범위 내에서 환경을 지키고 지속적으로 이용하기 위해서 자율적으로 규정을 정하고 규약에 따라 적정한 벌채 양과 산림 조성 양을 조절하는 마을 단위의 자치 조직이었다. 이러한 송계의 대상이 되는 마을 공유림을 송계산이라 불렀다.

조선 시대의 산림정책에 대해 살펴보면, "산림천택여민공리지(山林川澤與民公利地)", "산장수량일국인민공리지(山場水梁一國人民公利地)"를 건국이념으로 표방하였는데 이는 〈산림과 하천 바다는 온 나라의 백성이 다 함께 이익을 나누는 땅〉이라는 것이다. '왕토(王土)사상'에 따라 산림은 법적으로는 왕의 소유였으나 조선의 모든 백성이 일정한 금제(禁制)하에 능력과 필요에 따라 자유롭게 이용할 수 있는 공유지로 이해되었다. 이는 공유 자원에 대한 일반 백성의 자유로운 이용을 보장하는 데 기본 목적이 있었다.

조선 시대 후기에 접어들면서 지속적으로 송계가 발전했던 지역은 대부분 노목이 잘

---

2 윤순진, 2002, 전통적인 공유지 이용관행의 탐색을 통한 지속가능한 발전의 모색: 송계의 경험을 중심으로, 환경정책 10(4): 27-54.

3 [책의 향기] 산림계 http://www.jjan.kr/news/articleView.html?idxno=284316 2015년 10월 30일 검색. 송계는 1906년 이후 임적조사사업과 1917년 임야조사사업의 시행으로 국유림으로 편입되면서 점차 사라지게 되었다.

자라 울창한 숲을 이루었다. 이는 주민의 자발적인 참여와 상호 규제, 형평성 있는 분배 및 지역 생태에 대한 지식은 지속 가능한 이용을 실현할 수 있었던 바탕이 되었음을 알 수 있었다. 무엇보다도 전통 사회에서는 자연숭배사상에 바탕을 둔 산과 나무, 냇물 등의 자연물에 마을을 수호하고 복을 가져다주는 신격이 깃들어 있다고 믿었다. 이러한 것들이 사람들의 의식 속에 자리 잡아 송계의 규약과 규제에 앞서 산림을 훼손하지 않고 아끼고 보전하려는 행동의 동기를 제공하고 실천을 자극하는 역할을 했다고 볼 수 있다.

한국 전통사회의 공유지 이용방식에는 21세기의 과제로 떠오른 지속가능한 발전의 원칙 중 자연보호의 원칙과 형평성의 원칙이 고스란히 녹아 있다. 또한 이 원칙이 지역주민의 자연 생태계에 대한 섬세한 지식과 자연의 한정된 부양 능력에 대한 이해와 지역주민의 참여 및 자치를 통해 실현될 수 있음을 보여주고 있다.

전통 사회의 공유지 이용 방식은 공유지를 분할하여 사유화한다거나 국가가 강제적으로 개입하는 방식보다 훨씬 효율적이다. 동시에 자원이 고갈되지 않도록 하고 사회 구성원 간의 경쟁과 갈등을 억제하고 구성원 모두가 평등하게 자원을 이용하는 사례가되기에 충분하다고 여겨진다. 우리 전통 마을 숲은 '지속가능성'과 다양한 기능을 가진 현대 도시공원의 효시로 볼 수 있겠다.

환경심리학

    물리적 설계에 이용자를 고려하고 참여시키는 운동에 단초를 제공한 사람은 1960년대 미국의 제인 제이콥스(Jane Jacobs)였다. 그녀는 〈미국 대도시의 죽음과 삶, The Death and Life of Great American Cities〉[1]에서 가로와 같은 오픈스페이스를 제외시킨 뉴욕시의 주택개발을 비판하고 주민들에게 건강하고 바람직한 사회적 환경을 제공하고 있는 그리니치빌리지의 가로를 예로 들었다. 그녀는 사회의 병리적 현상과 환경의 물리적인 형태의 상호관련성을 지적하고 그 중요성을 언급하였다. 이러한 주장은 조경디자인과 같은 물리적인 설계와 물리적공간의 이용자인 소비자 사이의 강한 연관성을 이해하기 위해서는 인간의 욕구, 환경지각, 행태 등에 대한 이해가 필요하다는 기초적 지식을 제공하였다.

  도시에서 공간의 이해를 위해서는 반드시 그곳에 살고 있는 인간의 행태를 이해하여야 한다는 것이다. 인간을 담는 조경공간을 대표하는 도시공원의 경우에도 과학적인 디자인을 위하여 인간의 심리와 행태를 고려한 계획과 설계가 이루어져야 한다. 조경가 로렌스 할프린(Lawrence Halprin)은 "인간이 환경 내에서 움직이면 인간이 주위를 따라서 움직인다." 따라서 "조경설계는 공간에서 일어나는 사람의 움직임을 기록해야 한다."는 주장은 조경공간의 디자인과 인간행태의 관계성이 중요함을 지적한 것이다.[2]

  인간의 행태는 문화 인류학, 사회학, 지리학, 환경심리학 등의 여러 분야에서 다루어져왔다. 특히 환경심리학에서의 연구는 조경설계 및 계획을 수행하는 데 있어서 바탕이 되는 이론적이고 실험적인 자료를 제공해왔다. 환경심리학이란 물리적 환경에 내재하는 인간을 연구하는 학문 혹은 인간행태 및 경험과 인공 환경의 경험적·이론적 관계성을 정립하고자 하는 노력 혹은 인간행태와 물리적 환경에 관련되는 학문으로 정의

---

1   제인 제이콥스, 2014, 미국 대도시의 죽음과 삶(유강은 역), 그린비, pp.177-180.
2   배정한, 2004, 현대 조경의 이론과 쟁점, 도서출판 조경, p.195.

된다. 환경심리학이 전통적인 심리학과는 구별되는 다음과 같은 특성[3]이 있다.

❶ 환경 - 행태의 관계성을 그 구성 요소 각각을 연구하기보다는 통합된 하나의 단위로서 연구한다.

❷ 환경 - 행태 상호간에 연향을 주고받는 상호작용을 연구한다.

❸ 이론적이고 기초적인 연구에만 관심을 두지 않고 현실적인 문제 해결을 위한 이론 및 그 응용을 연구한다.

❹ 건축, 조경, 도시계획, 사회학 등의 여러 분야와 관련이 깊은 종합과학이다.

❺ 사회심리학과 관심분야를 공유한다.

❻ 다소 엄격하지 않고 정밀하지 않은 방법이라도 문제해결에 도움이 될 수 있는 가능한 모든 연구방법을 사용한다.

환경심리학의 관심분야는 환경평가, 환경지각, 환경의 인지적 표현, 개인적 특성, 환경에 관련된 의사결정, 환경에 대한 일반 대중의 태도, 환경의 질, 생태심리학 및 환경단위의 분석, 인간의 공간적 행태(특히 개인적 공간과 영역성),[4] 밀도가 행태에 미치는 영향, 주거환경에서의 행태적 인자, 공공기관에서의 행태적 인자 등이 있다. 환경심리학의 분야는 이와 같이 광범위하고 다양한 분야를 다루고 있다.

3   Bell, P. A. et al., 1978, Environmental Psychology, Philadelphia: W. B. Saunder Company.
4   개인적 공간(Personal Space), 영역성(Territoriality) 등으로 표현되는 인간의 행태에 관한 연구를 말하며 문화적·개인적 차이, 환경적 상황의 변화가 이들 행태에 미치는 영향을 연구하고 있다.

개인공간

021

개인공간

　　조경공간에 있어서 인간의 행태와 관련이 있는 개인적 공간(Personal Space)은 개개인의 신체 주변에서 침입자들이 들어 올 수 없는 <프라이버시>공간의 유지를 지칭한다. 개인적 공간의 행태는 인간들에 있어서 본능적인 것은 아닐지라도, 우리들의 생물학적 과거에 강하게 뿌리를 두고 있다는 설이 있어 왔다.[1]

　즉, 평소 잘 소통하지 않던 사람들과는 되도록 거리를 두고 싶다고 생각하고 있다.

　일정 그룹의 동물이나 인간을 관찰해보면 그들은 개체상호 간에 일정한 거리를 유지하고 있음을 볼 수 있다. 동물의 경우 전깃줄 위에 앉은 참새 혹은 제비, 물속의 백조나 오리 등은 하나의 커다란 무리를 이루고 있으나 각 개체 간에는 일정한 간격을 이루고 있다. 한편 인간사회에서도 우리는 아는 사람끼리 대화를 나누기에 적당한 크기의 테이블에서 이야기를 나누다가 갑자기 다른 사람과 합석을 하게 되면 답답함을 느낀다. 어쩔 수 없이 합석하게 된 사람은, 의자를 한 발자국 뒤로 빼서 물러나 앉아 있다. 그것으로 자기의 영역을 확보하고, 또한 '이 사람들과 저는 친구가 아닌' 것을 강조하고자 한다. 소통을 하고 싶을 때, 또 줄을 좁히고 싶을 때 등, 다른 사람에게 가까이 가지 않으면 안 될 때, 타인에 대해서 가까이 가고 싶어도 넘어서지 못하는 눈에는 보이지 않는 선이 있다. 그것이 개인공간이다.

　이러한 사실에 근거해 볼 때 개인이 어떤 환경에서 점유하는 공간은 개인의 피부가 그 경계가 아니라 개인 주변의 보이지 않는 공간을 포함한 보다 연장된 경계를 가지고 있음을 알 수 있다. 따라서 이와 같이 보이지 않는 경계를 다른 사람이 침입하면 물러서거나 심한 경우에는 침입자와 다툼이 일어날 수 있다. 즉 신체의 주변에 다른 사람이 가까이 왔을 때, '떨어지고 싶은 느낌」이 드는 영역으로, 그 사람의 신체를 둘러싸고 보

1　Hall, E. T., 1966, The Hidden Dimension, Garden City, N.Y.: Doubleday.

이지 않는 경계를 갖는 「거품」으로 비유된다.

이와 같이 인간사이의 이 거품을 우리는 개인이 점유하는 공간, 즉 개인적 공간(Personal Space)이라고 부르며 개인과 개인 사이에 유지되는 간격을 개인거리(Personal Distance)라고 부른다.

로버트 좀머(R. Sommer)[2]는, 인간은 타인의 접근을 꺼려하는 자기 주변을 둘러싼 보이지 않는 영역을 가지고 있다고 하고, 그것을 그는 개인적 공간이라고 불렀다. 그리고 건축 공간, 조경 공간, 도시공간을 생각할 때 개인공간의 중요성을 강조하면서 그러한 인간적 요인, 즉 개인적 공간에 대한 배려가 결여된 현대의 도시공간을 비판했다. 한편 개인적 공간의 크기는 모든 사람이 다 같지 않고 개인에 따라 또한 상황에 따라서 변화된다.

개인공간의 측정을 위한 객관적인 시도가 다양한 연구자들에 의해 시도되었으나 측정 방법의 타당성에 대한 의문이 끊임없이 제기되었다. 오히려 개인상호관계에 대한 가장 완벽한 측정 혹은 분류체계는 실험보다는 오히려 관찰자의 직관에 기초하는 것으로 나타났다. The Hidden Dimension(1966)에서 홀(E. T. Hall)은 백인 중산층 미국 사회의 일정 부류들을 위한 규범으로서의 공간적 거리를 문화인류학적 관점에서 제시하였다.

이러한 분류는 그의 이전 저서인 The Silent Language(1959)에서 제안된 일련의 8가지 주요한 거리를 개정하여 단순화시킨 하나의 변형이다. 홀은 개인 상호 간의 거리연구를 proxemics(프로세믹스)라고 칭하고 또한 피실험자들로부터 단지 일정 거리에서만 정상적으로 일어나는 거래(transaction)의 의미로 이를 정의하였다. 이 연구는 개인 상호 간의 관계에서 시선 접촉의 중요성을 확신하면서, 또한 개인적 공간이 청각, 후각, 근육운동, 혹은 기타 수단들에 의해 침해 될 수도 있다는 사실에 주목하였다. 그가 제시한 네 종류의 대인간격은 친밀거리, 개인거리, 사회거리 그리고 공적거리 등 4가지다.

❶ 친밀거리는 약 0~46cm의 거리로서, 아기와 엄마 사이의 거리, 이성 간의 교제의 거리 혹은 친한 친구와 같이 아주 가까운 사람들 사이 혹은 레슬링이나 씨름 같은 운동선수들 사이에 유지되는 거리를 말한다.

❷ 개인거리는 손을 뻗으면 닿을 수 있는 거리를 말한다. 그래서 얼굴의 섬세한

2 Sommer, R., 1969, Personal Space, Englewood Cliffs, NJ.: Prentice Hall.

부분까지 쉽게 드러나며, 아울러 상대방을 잡는다거나 끌어안는 것도 가능한 45cm~1.2m 사이의 거리로서, 친한 친구 혹은 잘 아는 사람들 간의 일상적인 대화에서 유지되는 거리이다.

❸ 사회거리(1.2~3.6m)는 함께 일하거나 교제하는 사람들이 일반적으로 이용하는 거리로서 1.2~3.6m 이상의 거리다. 업무상의 대화에서 주로 유지되는 거리라고 보면 된다.

❹ 공적거리는 3.6m 이상의 거리를 말한다. 우리가 연극 공연장에서 느끼는 배우와 관객의 거리라고 보면 된다. 학교 강의실에서 학생들과 교수들 사이의 거리도 여기에 속한다.

홀은 그의 발견들이 주로 미국의 백인중산층을 대상으로 이루어진 것에 조심스럽게 주목하였다. 따라서 역사적 문화적 배경이 다른 우리나라 사람들에게도 이 거리가 적용될 수 있을 것인지에 관해서는 따로 연구되어야 할 필요가 있다.

한편 벨(1978)은 개인적 공간은 거리가 좁을수록 보다 사적이며 많은 양의 정보교환이 이루어질 수 있으며, 반면 거리가 멀수록 점점 공적이며 제한된 양의 정보교환이 이루어진다고 주장한다. 또한 가까울수록 냄새 및 접촉에 의한 정보교환이 이루어지며 멀수록 소리 및 시각에 의한 정보교환이 많이 이루진다고 한다.

한편 홀을 비롯한 여러 학자들은 공간과 거리가 우리 사회에 실제 존재하며 중요한 것은 인간에게는 거리가 필요하며 또 그것은 여러 종류가 있다고 주장한다. 일정한 공간은 인간뿐만 아니라 생명체 모두에게 필요하며 이 공간에서 모든 생명체가 보전되고 그 생태계의 질서가 유지되기 위해서는 생명들 간의 적절한 거리가 반드시 지켜져야 한다.[3]

조경 공간을 계획할 때 공간의 이용자 사이에 어떤 거리에서 편안함을 느끼는지 주의 깊게 살펴보고 계획을 세워야 한다. 특히 공원에 벤치를 계획할 때 앞서 제시한 4가지 거리는 많은 도움을 줄 것이다. 도시의 공원에서 적절한 개인공간을 유지하여 계획할 때 인간 사이의 관계성은 한결 자연스러워지고 공원의 이용의 즐거움은 배가 될 것이다. 지금 도시 공원에 가서 공원 벤치에 앉아 보자. 내가 앉은 공원 벤치에 옆 사람까지의 거리는 적절한가? 그 사람과의 관계는 지금 어떤가?

3   이동우, 2014, 디스턴스, 엘도라도, p.134.

영역성

022

영역성

일반적으로 영역성(Territoriality)[1] 이라 함은 ❶ 개인 혹은 그룹의 사람들이 심리적인 소유권을 행사하는 일정지역, ❷'나의, 너의, 우리의' 라는 소유격이 붙는 공간, ❸ 체공간과는 다르게 고정된 공간, 보이는 공간 ❹ 영역에 몸의 일부나 흔적을 남김으로써 몸과 관련된 것 등으로 정의할 수 있다.

즉 개인의 공간이 사람이 이동할 때 사람의 몸과 같이 움직이는 반면, 영역성은 고정된 공간에 못 박혀 있는 경우이고, 개인의 공간이 보이지 않는 것에 비해 영역이란 것은 눈에 보이는 공간을 말한다. 예를 들어, 내 집은 나의 영역이며 내 친구의 집은 친구의 영역이다. 내가 만약 친구의 집을 방문했다면 나는 내 몸의 개인공간을 친구영역으로 옮긴 셈이 된다. 우리 집, 우리 동네, 우리 골목 등은 우리라고 지칭될 수 있는 집단이 소유한 공간의 범위, 즉 우리의 영역이 된다. 그곳에서 우리는 안전함과 편안함 그리고 소속감을 느낄 수 있다. 이 영역의 개념은 캐나다출신 사회학자이자 작가인 고프만(E. Goffman) 의 "출입금지. 그것은 나의 소유."라는 표현에 잘 함축되어 있다고 하겠다. 예를 들자면 디자인스튜디오에 학생들이 자리를 잡는 방식은(이름을 쓰고 물건을 놓고) 자신의 공간을 타인에게 알리는 일이다. 여기서의 물건이나 이름은 그 학생만의 공간이요, 몸의 일부이며 흔적이다. 즉 영역인 것이다.

환경심리학자인 벨(Bell)과 그 동료들(1978)[2]에 따르면 개인적 공간은 사람이 움직임에 따라서 이동하며 보이지 않는 공간인 데 반하여 영역은 주로 집을 중심으로 고정된, 볼 수 있는 일정영역 혹은 공간을 말한다. 영역성은 사람뿐만 아니라 일반 동물에서도 흔히 볼 수 있는 행태이다. 동물의 영역성에 대하여 여러 사람이 내린 정의를 살펴보면

1   임승빈, 1999, 조경계획·설계론, 서울: 보성문화사 pp.109-112; 월간 환경과 조경 제156호 조경: 사람과 땅이 어울린 이야기(3).
2   Bell, P. A. et al., 1978, Environmental Psychology, Philadelphia: W. B. Saunder Company.

다음과 같다.

❶ 영역은 동물의 집 주위에 형성되어 방어되는 부분이다.

❷ 영역은 동종의 다른 개체가 침입함을 막고 그 안에 살기 위한 지역이다.

❸ 영역성은 시공간적으로 표현되는 고도로 복잡한 행태체계의 개념으로 설명된다.

이상에서의 영역성에 대한 여러 정의에서 보듯 동물세계에서의 영역성은 동물의 생존에 관계되는 종족번식이나 식량의 확보 등의 기능과 매우 밀접한 관계를 가진다. 주로 식량의 확보나 배우자 선정에 있어서 경쟁이 되는 같은 종 내의 서로 다른 개체 혹은 그룹 사이에서 나타나는 현상이다.

한편 인간의 영역성에 관하여 내린 정의를 벨(Bell,1978)의 저서에서 살펴보면 다음과 같다.

❶ 영역적 행태는 공간의 일부를 소유하며 필요한 경우에는 타인의 침입을 방어하는 욕구를 나타낸다.

❷ 영역은 개인, 가족 등에 의하여 제어되는 지역이다.

❸ 영역은 개인 혹은 그룹이 사용하며 외부에 대하여 방어하는 한정된 공간이다.

❹ 영역은 개인화되거나 표시된 지역, 그리고 침입으로부터 방어되는 지리적 지역이다.

❺ 영역성은 공간을 제어하려는 의도를 포함한다.

이상의 정의를 요약하면 인간 사회의 영역은 개인 혹은 일정 그룹의 사람들이 사용하며 실질적인 혹은 심리적인 소유권을 행사하는 일정한 지역을 말한다. 이러한 영역은 표시물의 배치 등을 통한 개인화 혹은 그룹화도니 공간이며 공공영역, 가정영역, 개인영역 등과 같이 사회적 단위의 개체에 따라 몇 단계로 구분된다.

인간에게 있어서 영역성의 문제는 사적공간과 공적공간의 구분에도 직접적인 관련을 보이고 있다. 오래전에 인류학을 배경으로 한 도시 및 건축설계가인 미국 위스콘신대학의 아모스 래포포트 교수(Amos Rapoport)는 그의 저서에서 주거형태란 단순히 물리적인 힘이나 혹은 어느 하나의 우연한 요소의 결과가 아니고 넓은 의미에서 본 포괄적인 범위의 사회문화 요소의 산물이라는 가정하에서 특히 인간의 본질적 환경심리상태를 비롯한 사회문화적 요소와 주거형태와의 관계를 심층적으로 분석하였다. 특히 그는 국가(인도, 영국, 미국) 간 문화적 차이를 이 영역권의 문제로 들여다보았다.[3]

그가 제시한 인도의 주거형태는, 한국이나 일본과 같은 동양권의 나라와 유사하게, 높은 담으로 둘러싸여 있어서 내부의 건축공간은 물론이고 마당이나 정원의 외부공간도 높은 영역권을 추구한다.

반면 영국의 정원이나 마당이 보여주는 영역권은 낮으며 내부가 외부에서 투시되는 울타리 때문에 상대적으로 축소된다. 더 나아가서 완전히 정원을 개방하는 미국식 주거는 집의 뒷마당에서나 영역권을 주장할 수 있을 뿐이다. 이런 면에서 영국이나 미국의 주거는 마당의 일부 또는 전부를 반사적(半私的)으로 또는 반공적(半公的) 공간으로 제공하고 있다.

이처럼 인간사회에서의 영역성은 동물세계와는 달리 개인 주택의 담장이나 아파트의 입구는 인간에게 일정영역의 소속감을 느끼게 함으로써 심리적인 안정감을 준다. 이러한 영역성은 인간이 외부에서 사회적 활동을 할 때 구심점 역할을 한다. 이러한 구심점이 없어진다면 인간은 매우 높은 심리적, 사회적 불안감이 초래될 것이다.

정승희는 그의 박사논문 〈도시 오픈스페이스에서의 영역성 디자인 표현과 행태 반응 연구〉[4]에서 다음과 같이 주장했다. "오픈스페이스에서 … 영역성의 개념을 디자인으로 다양하게 표현하여 공간에 적용시키면 이용자 사이의 경계조절장치로서의 역할을 수행하여 환경의 안락함과 안전, 우호관계, 존중과 같은 인간의 욕구를 충족시키는데 긍정적 영향을 미치게 된다." (중략) "(영역성은) 디자이너의 설계 시에 실제적으로 사용할 수 있는 준 과학적 근거와 자료로서의 역할을 할 것이다. 또한 디자이너의 영감이나 관습에 의한 디자인 방법을 변화시키는 계기로 작용하여 궁극적으로는 인간의 삶의 질을 높이고 다양한 행태의 욕구를 충족시키는 데 기여한다는 점에서 의의를 지닌다." 조경계획과 디자인에서 영역성 개념을 충분히 고려하여야 할 충분한 이유다.

3 Rapoport, A., 1969, House Form and Culture, Englewood Cliffs, N.J., Printice-Hall.
4 정승희, 2011, 도시 오픈스페이스에서의 영역성 디자인 표현과 행태 반응 연구, 이화여자대학교 대학원 박사논문. 초록.

스케일

023

스케일

라틴어인 스칼라(scala·'사다리'라는 뜻)에 어원을 둔 '스케일'은 차츰 무게를 재는 저울을 뜻하기도 하고, 건축이나 조경에서 실제 거리를 도면상에 축소하는 비율인 축척, 측정 도구, 그리고 규모 등으로 그 뜻이 변해왔다.

1학년 학생들이 조경을 공부할 때 스케일, 즉 축척(縮尺)을 많이 어려워한다. 축척이란 '길이의 비례관계'로, 1:n이라고 함은 실제 길이보다 n배를 축소시켜 나타냄을 의미한다. 즉 1:100이라고 한다면 실제 거리를 100배 축소시켜서 나타냈다는 것을 말한다. 조경이나 건축에서 주로 사용하는 스케일로는 1:100, 1:200, 1:300, 1:500, 1:1000, 1:250, 1:50 등이 있으며, 각 스케일은 그 특징을 가지고 있다.[1] 스케일 계산에서 가장 중요한 것은 길이의 단위를 정확하게 알아야 한다는 것이다. 조경에서 스케일은 실제의 거리를 도면상에 축소하여 표시하였을 때의 축소 비율을 의미한다. 예를 들면[2] '5km의 거리는 5만 분의 1 지형도상에서 몇 cm가 되는가' 하는 것은 다음과 같은 계산식으로 간단히 구할 수 있다. 5km=5,000m=500,000cm 500,000(cm)*1/50,000(축척)=10cm. 즉 5km를 cm로 고치고 거기에 축척을 곱하면 되는 것이다.

반대로 도면상의 거리에서 실제 거리를 구할 수도 있다. 5만분의 1 도면에서의 1cm는 실제 거리에서는 그 5만 배인 50,000cm=500m가 되며, 2만 5,000분의 1 도면의 1cm의 실제 거리로는 2만 5,000배인 25,000cm=250m가 된다. 축척은 1/10,000 또는 1:10,000, 1만분의 1 등과 같이 분수나 비례식으로 나타낸다.

그리스 사람들은 운동으로 잘 단련된 미소년의 몸을 도시 번영의 상징으로 보고 그들이 서있는 자세를 자신감과 인품이 우월한 것으로 보았다. 반면 앉아있는 여인이나

---

1 https://blog.naver.com/PostView.nhn?blogId=sr_flora&logNo=20157095195 2024년 2월 8일 검색.

2 https://ko.wikipedia.org/wiki/%EC%B6%95%EC%B2%99 2024년 1월 14일 검색.

노예들의 자세를 열등한 자세로 취급하였다.

20세기 초 찰스 서전트는 "여성들은 정원을 만드는 데 있어서는 재능을 보일지는 모르지만, 공원과 같은 규모가 큰 땅을 다루는 데 거의 두각을 나타내지 못한다고 했다. 여성들은 귀여움, 다양함, 고상함, 섬세함이 요구되는 일에는 빛을 내지만, 큰 규모를 다루는 조경은 결국 남성적인 일이라는 것이다. 또한 조경은 남성적인 열성과 주저하지 않는 추진력을 요구하지만, 여성들은 그러한 덕목을 잔인하고 불필요하다고 거부한다."[3]고 주장하였다. 서전트의 이런 주장은 그리스적 사고의 답습이라고 보인다. 결국 여성은 정원 규모의 스케일을, 남성은 센트럴파크와 같은 대규모 프로젝트의 스케일을 담당할 수 있다는 의미로 들린다. 여기서 스케일은 사업의 규모를 말한다.

인간 척도, 즉 휴먼스케일이란 사람이 파악할 수 있는 크기를 말한다. 주거공간을 비롯해 도시와 건축의 내부와 외부 공간을 설계할 때 흔히 휴먼스케일을 적용하였다고 말한다. 휴먼스케일이란 사람을 설계의 기준으로 삼는다는 의미이고, 보다 인간에게 친밀감을 주는 공간과 주변 환경을 조성하고자 하는 의도이다. 따라서 우리 주변의 정원이나 공원을 설계할 때도 반드시 인간에게 친밀한 휴먼스케일을 적용하여야 한다. 스위스 건축가 르코르뷔지에는 인체치수에 황금비를 적용하여 측정체계인 모듈러(Le Modulor)라는 공식을 사용했다. 르코르뷔지에의 주요 건축 개념은 '조화'였다. 그는 인간과 우주와의 조화를 실현하기 위하여 자신만의 설계 도구인 '모듈러'라는 수학적 비례를 시각적으로 표현한 비례체계를 고안했다. 그의 비례체계를 보면 사람이 한 손을 위로 쭉 뻗은 팔의 높이가 226cm이고, 배꼽까지의 높이가 그것의 절반인 113cm이다. 배꼽에서 발끝까지의 길이(113cm)와 배꼽에서 머리끝까지 길이(70cm)의 비는 이른바 황금비 1대 0.618이다. 마찬가지로 키 높이(183cm)와 배꼽에서 발끝까지의 길이(113cm)의 비도 황금비다. 이것이 휴먼스케일의 기초인 인체척도이다.

3 김수봉, 2016, 자연을 담은 디자인, 문운당, p.192.

조경을 위한

용어 에세이

기후변화

024

기후변화

　기후는 조경디자인의 형태를 결정짓는 주요한 요소다. 기후는 온도·수증기·바람·복사열과 강우를 포함한 여러 인자들 간의 상호작용으로 생기는 결과다. 지형·식생·물과 같이 기후는 환경의 주요 구성요소이다. 사람들이 일반적으로 쾌적함을 느낄 수 있는 이상적인 기후라 함은 맑은 공기, 섭씨 10~26.5도 범위의 온도, 40~75% 정도의 습도, 심하게 부는 바람이나 정체해 있는 바람의 상태가 아닌 대기, 강우로부터 보호받는 상태 등을 말한다. 역사적으로 보아도 인간들은 이러한 쾌적한 기후환경을 가진 지역을 만들기에 노력해 왔으며 건축이나 조경디자인 양식에도 이러한 기후 환경상태가 중요한 변수로 작용해왔다.[1]

　우리나라는 지난 100년간 1.5℃ 상승하였으며, 이는 지구 평균 온도상승의 2배이다. 또한 제주지역 해수면은 지난 40년간 22cm 상승하였고, 이는 세계 평균의 3배 높은 수치이다. 우리나라의 기후변화 진행속도는 세계 평균보다 높다. 이러한 영향으로 최근 몇 년 우리나라는 지금까지와는 다른 기후변화의 양상을 보이고 있다. 즉 스콜을 연상시키는 국지성 집중호우와 아열대성 고온다습과 같은 아열대성 기후를 나타내고 있다는 것이다. 2010년 어느 주간지[2]의 커버스토리 〈아열대기후가 한국인 삶을 바꾼다〉[3]에 따르면 2070년에 이르면 한반도 남녘에서 겨울이 사라진다고 주장하고 있다. 그 잡지는 지금 같은 속도로 온난화가 지속되면 고산지대를 제외한 한반도 남녘 대부분이 아열대기후로 변하면서 우리의 자녀들이 노인이 되는 즈음에 동남아와 비슷한 환경에

1　윤국병 교수는 조경양식의 탄생에 영향을 준 요소로서 기후환경요인과 더불어 국민성과 시대사조를 거론했다. (그의 저서 조경사, p.22)

2　http://weekly.khan.co.kr/khnm.html?mode=view&artid=201009081820011&code=115 2024년 1월 14일 검색.

3　http://weekly.khan.co.kr/khnm.html?mode=view&artid=201009081820011&code=115 2024년 1월 14일 검색.

서 삶을 영위해야 한다는 우리들의 심기를 불편하게 하는 보도를 했다. 이러한 기후변화는 생태계에서 먼저 감지되고 있다. 농촌진흥청이 공개한 지난 10년간 주요 농작물의 재배면적 변화 추이에 따르면 특히 사과의 경우도 겨울철 기온이 상승하면서 주재배지는 대구에서 예산으로, 안동 및 충주에서 강원도 평창, 정선, 영월로 북상했다. 바다도 빠른 속도로 변하고 있는데 명태가 사라진 동해바다에는 난류성 어종인 오징어가 대신하고 있으며, 최근에는 희귀한 아열대성 생물들이 종종 출현하고 있다고 한다.

이러한 자연의 변화는 사람들의 삶에도 변화를 불러 온다. 우리나라 기후의 특징인 사계절에 길들여 있던 의식주와 체질의 변화는 물론이고 슈퍼폭풍, 집중호우와 이상가뭄, 물 부족 사태 등에 직면할 것으로 예견된다. 특히 강수량의 증가는 주거환경에 큰 변화를 줄 것으로 보여 제습기능의 가전제품 구비는 물론이고 습기가 많이 올라오는 1층은 필로티 등으로 대부분 비워둘 것이다. 고지대에 부촌이 형성될 가능성도 있는데, 습기가 많은 홍콩의 경우 지대가 높은 쪽에 고급주택가가 형성되어 있다. 옥상정원 등 에너지 절감형 주택문화는 이미 많은 관심을 받고 있다.

조경디자인에 사용되는 식물은 자연경관 내에서는 온도를 일정하게 유지시켜 주며, 극단의 온도 차를 줄여준다. 식물은 경관 내에서 열과 빛뿐만 아니라 소리를 완화시켜주는 흡수원의 역할도 하며, 온도를 낮추거나 온도를 안정시키기 위해 대기로 수증기를 뿜어 증산작용을 한다. 이러한 식물의 역할을 극대화시키기 위해서는 공사현장의 기후상태를 기록한 일반적인 기후자료를 반드시 확보해야 한다. 기상학자와의 관점과는 달리 조경 디자이너의 관심은 최고 온도와 최저 온도, 강우량, 강우의 분포, 풍향, 풍속 그리고 청정일수, 안개, 눈 그리고 서리 등에 있다. 일반적으로 어느 지역의 홍수나 다른 재해의 원인이 되는 극단적인 기후의 상태는 지속적으로 기록해 왔기 때문에 어떤 특정 지역의 재해기록과 일반적인 데이터를 통하여 정확한 자료를 수집할 수가 있다. 조경디자인은 그 지역의 미 기후적 특성을 충분히 고려하여야 한다는 것이다.

예를 들면 미국 로스앤젤레스는 사막에 건설한 도시이다. 그러나 곳곳에 나무와 숲과 풀밭이 들어선 이 사막도시는 삭막하지 않다. 다만 건조한 사막성 기후가 이곳이 사막임을 알려줄 뿐이다. 그래서 로스앤젤레스에 살면서도 사람들은 여기가 사막임을 잊고 살 수가 있다. 시내의 모든 나무들 밑에는 스프링클러가 달려 있어서 매일 아침과 저녁으로 물을 뿌려준다. 왜냐하면 연중 비가 거의 오지 않기 때문에, 콜로라도 강에서 물을 끌어다가 인공적으로 스프링클러를 통해 시내 전체의 나무와 화초를 가꾼다. 나무뿐 아니라 길가의 잡초들에게도 이 스프링클러의 혜택은 어김없이 제공된다. 고급 주택의 정원에 있는 정원수며, 대학 캠퍼스의 숲을 이루는 나무 한 그루 그리고 고속도로변의 잡초에 이르기까지 모두가 인공적인 급수에 의해 자라고 있음을 생각하면 이들이 환경을 가꾸는 데 얼마나 많은 투자를 하고, 또 환경을 얼마나 소중히 여기는가를 알 수 있다. 로스앤젤레스의 시민들은 잡초에 뿌려지는 물 값을 위해서 많은 세금을 내면서도 그에 대해서 불평하지 않는다.

역사적으로 이집트정원 같은 경우도 강우량이 적은 이 지역에는 큰 숲이 형성되지 않았으며 열대성기후를 가진 이집트에서 수목은 시원한 녹음을 제공해주는 안식처였다. 따라서 그들의 정원양식에는 이러한 기후적인 요인으로 인하여 그늘시렁이나 장방형의 연못 그리고 수로와 정자 등이 설치되었다. 이 정원을 위해 나무는 무화과나무, 아카시나무 그리고 시커모어를 주로 심었다고 한다. 불모의 사막을 주 거주지로 삼았던 페르시아사람들의 정원에서 물은 가장 중요한 요소였으며 따라서 저수지, 커널, 그리고 분수 등의 시설이 정원의 구조를 지배하였다. 그들은 정원을 일상에서의 피곤함과 여름의 혹서, 가뭄과 같은 사막의 가혹함을 벗어나는 피난처 혹은 낙원의 개념으로 바라보았다. 그들의 정원에는 낙원의 상징으로 그늘과 물이 필수적인 요소로 사용되었다. 그들의 낙원인 정원은 네 개의 강으로 분할되며 이를 사분원(四分園)이라고도 불렀다. 이러한 정원양식도 모두 기후의 영향이라고 생각된다. 이러하듯 조경디자인은 온도, 바람, 강우와 햇빛과 같은 기후조건을 충분히 고려해야 하며 우리나라의 경우 사계가 있고 연중 강우가 여름철에 집중되기 때문에 배수와 관수에 대한 특별한 고려가 있어야 한다.

조경에 종사하는 사람들은 앞서 언급한 기후 및 식생환경의 특성을 충분히 이해하는 것이 녹지의 조성과 관리에 있어서도 매우 중요하다. 아울러 기후조건이 비슷한 다른 나라에서 발달된 조경디자인 혹은 녹지조성 방법을 적절하게 잘 도입하여 이용하는 것도 매우 중요하다고 하겠다.

생태학

1년생   다년생
초본류   초본류   관목류   침엽수림   활엽수림
                                (양수림)   (음수림)

생태학

　　조경에 종사하는 사람들은 도시에 녹지를 조성할 때 생태학의 개념 그 중에서
특히 천이(遷移, succession)는 반드시 이해해야 한다.

　아시다시피 생태학은 생물학의 한 분야이다. 생태학은 영어로 ecology(에콜로지)라고
하고, 이 말은 그리스어의 oikos(오이코스)와 logos(로고스)에서 유래한다. oikos는 가정
(家政)이나 가사(家事)를 의미하고, logos는 학문을 뜻한다. 즉 생태학은 자연의 가정(家
政)을 연구하는 학문으로서, 가정의 모든 생물체와 그 생물체가 살 수 있도록 가정을
이끄는 모든 기능적인 과정을 포함한다. 생태학은 자연이라는 가정의 구성원과 가정의
살림살이를 연구하는 학문이다. 〈집안 살림 관리〉를 뜻하는 경제학(Economy)과 그 어
원이 같다. 생태학이란 용어는 1866년 독일 생물학자 에른스트 헤켈(Ernst Haeckel)에 의
해 '생물체의 일반 형태론(Generelle Morphologie der Organismus, 1866 Berlin)'이라는 논문
에서 처음 사용되었다. 1869년 헤켈은 예나신문(Jenaische Zeitung)에 기고한 글에서 "(생
태학은) 동물과 생물적인 그리고 비생물적인 외부세계와의 전반적인 관계에 대한 연구
이며, 한걸음 더 나가서는 외부세계와 동물 그리고 식물이 직접 또는 간접적으로 갖는
친화적 혹은 적대적 관계에 대한 연구"[1] 라고 주장했다.

　최근 생태학은 육지·해양·담수역의 생물군의 기능적인 문제, 특히 자연의 구조와 기
능에 관한 학문으로 보다 현대적으로 정의되고 있다. 《웹스터 사전》에서는 생태학을
생물과 그 환경 사이의 관계의 전체성과 그 유형을 연구하는 분야라고 설명하고 있다.
즉 생태학에서는 한 생물 개체(organism)보다 작은 범주인 유전자(genes) - 세포(cells) -
기관(organs)을 연구하는 생물학의 여러 분야와는 달리 개체 이상의 큰 범주에서 생명
현상을 탐구한다.

1　에른스트 헤켈(Ernst Haeckel), 동물학의 진화 과정과 그 문제점에 관하여, (Über die
　Entwicklungsgang und Aufgabe der Zoologie, Jenaische Zeitung 5), 1869, pp.353-370.

우선 개체(Organisms)는 소나무 각 한 그루, 산토끼 각 한 마리 등을 의미한다. 그리고 개체는 일반적으로 홀로 살지 않는다. 즉, 한 지역에 있는 소나무, 산토끼 등은 같은 소나무끼리, 같은 산토끼끼리 한 무리, 즉 개체군(populations)을 이룬다. 그러면서도 개체군은 다른 개체군과 함께 살고 있다. 즉, 산에 가보면 소나무 개체군은 꽃며느리밥풀 개체군과 같이 살고 있고, 산토끼 개체군은 청설모 개체군과 함께 살고 있다. 이렇게 여러 다른 개체군들은 다시 군집(communities)을 이룬다. 소나무 개체군과 신갈나무 개체군 등은 서로 모여서 식물 군집을 이루고, 산토끼 개체군과 청설모개체군 등은 동물 군집을 형성한다. 그리고 각 생물 군집을 한데 묶고 여기에 외부의 환경요소를 관련지으면, 이것은 통틀어 생태계(ecosystems)가 된다. 생태계라는 것은 생물만이 아니라 온갖 환경요소를 포함하고 있고, 생물도 한 생물종만을 이야기하는 것이 아니기 때문에 조경분야에서 이야기하는 '생태환경'이니, '환경생태학'은 옳은 말이 아니다. 두꺼비나 느릅나무 한 종의 생물만을 이야기하면서 '두꺼비 생태계' 혹은 '느릅나무 생태계'라고 말하는 것은 맞지 않다. 두꺼비 한 종만을 이야기할 때는 두꺼비개체군, 한 지역에 살고 있는 양서류들을 통틀어 이야기할 경우 두꺼비가 그 지역을 대표할 정도로 많고 중요할 때는 두꺼비군집이라고 해야 한다. 한 생물 개체군만 가지고 생태계가 어떻다고 말하는 것은 논리의 비약이다. 생태학은 '개체 수준에서, 개체군 수준에서, 군집 수준에서, 생태계 수준에서 한 생물종과 같은 생물종이나 다른 생물종과의 상호관계는 물론 생물과 환경과의 상호작용[2]을 함께 다루는 학문이다.

한편 생태학과 생태계의 개념을 이해하였다면 조경에 종사하는 사람들은 반드시 '군집(community)'과 '천이(succession)'에 대하여 주목할 필요가 있다.

위에서 언급했던 생물 군집은 태양 에너지로부터 직접 에너지를 생산하는 녹색 식물과 같은 생산자, 초식·육식 동물과 같은 소비자, 토양이나 수중의 무기물을 환원시키는 미생물과 같은 분해자로 분류된다. 한편, 생물과 무생물 요인의 동적인 특성에 의해 군집이 변화하기도 하는데, 이것을 천이라고 한다. 즉 어떤 지역의 생물 군집에 새로운 환경에서 보다 잘 생활할 수 있는 생물이 침입하면서 식생이나 환경의 변화, 동물 군

---

2   http://www.namunet.co.kr/gardeninfo/view.html?id=138&code=t_ecol 2024년 1월 14일 검색.

집과의 상호작용을 통해 새로운 군집으로 변해가는 것을 천이라고 한다. 그리고 수차례에 걸친 천이의 결과 생물의 종류가 거의 일정해지고, 군락 구조가 크게 변하지 않는 안정된 상태를 이루는 것을 '극상(極相, climax)'이라고 한다. 자연 상태에서 천이는 일정한 방향성을 가지고 이루어지는데, 이러한 변천 과정을 천이 계열이라 한다. 천이 계열은 식물이 서식하지 않은 환경에서 시작되는 1차 천이와 삼림에 산사태나 산불이 나면서 기존의 식생이 파괴되고 다시 안정된 군집이 될 때까지의 천이 과정인 2차 천이, 바위나 용암과 같이 물기가 없는 곳에서 시작되는 건성 천이, 호소와 같이 물이 많은 곳에서 시작되는 습성 천이로 구분된다. 또한 천이의 방향성에 따라 진행 천이, 퇴행 천이로 분류하기도 한다. 한편, 식물의 경우 천이의 마지막 단계에서는 활엽수림의 상태로 극상을 이루게 된다. 최종적인 극상 형태에 이르면 한반도 남부의 경우 서어나무, 갈참나무 등의 활엽 교목들이 주로 분포하게 된다. 지역에 따라 환경 조건이 다르므로 극상 식물도 다르게 나타난다. 바람과 눈 때문에 나무가 자랄 수 없는 고산지대는 초원지대가 극상이 되고, 사막은 선인장, 알로에와 같은 다육식물이 극상이 된다. 추위에 잘견디는 침엽수림이 고위도 지방에서는 극상이 된다. 극상은 환경의 변화로 인해 파괴될 수 있는데, 화재 등으로 인해 삼림이 파괴되면 아주 오랜 세월 동안의 천이 과정을 거쳐야만 다시 안정된 상태로 회복될 수 있게 된다.

극상 상태에서는 자라고 있는 모든 종들이 성공적으로 번식하고 있어서 이 군집에 침입하는 다른 종들이 뿌리를 내릴 수 없기 때문에 원상태가 그대로 유지된다. 도시에 대규모로 숲 혹은 공원을 조성할 경우 생태적인 기능을 수행 할 수 있도록 천이의 개념을 잘 이해하여 생태과정에 의해 그 숲이나 공원이 그 지역의 잠재 자연식생에 가까운 숲으로 돌아갈 수 있도록 식재계획을 해야 한다. 그러나 장기적 관점에서 보면 기후변화로 환경이 서서히 바뀌기 때문에 그 극상이 영원히 유지되지는 않는다.

그럼에도 불구하고 조경 전문가는 이러한 천이 과정의 특성을 잘 이해하여 어떤 공간에 식재를 할 때 그 천이 시기에 적합한 수종을 선정하여 식재 계획을 수립하여야 한다. 조경은 시간개념을 담은 디자인이기 때문이다.

도시생태계

026

도시생태계

     앞에서 생태학이란 그 연구 대상을 어느 한 단위 지역 내에서 함께 살고 있는 모든 생물체 간의 상호 영향 관계라고 설명했다. 그러므로 우리는 도시 자체를 하나의 거대한 도시생태계로 볼 수 있다. 우리의 대도시는 인간을 포함한 주거, 교통, 상업 등과 같이 인간이 그동안 개발한 과학기술에 의존하여 창출한 인공시스템(technical system)이라는 군집과 산림 및 녹지, 토양, 대기, 물 등의 자연시스템(natural system)이라 불리는 군집, 즉 큰 부분 시스템으로 구성되어 있다. 결국 도시생태계는 이 두 시스템 상호간의 물질 및 에너지의 교환에 의해 그 기능이 유지되는 하나의 거대한 영향 조직체라 정의할 수 있다.

  도시생태계는 이를 구성하는 두 부분 시스템인 자연 시스템과 인공시스템 상호간의 에너지 및 물질의 교환에 의해 그 기능이 유지되고 있다. 그러나 이 시스템들은 지극히 다른 특성을 갖고 있다. 자연시스템은 산림, 녹지, 대기, 물 그리고 토양 등으로 이루어지며, 자연생태계[1]처럼 태양의 도움을 받아 광합성 작용에 의해 스스로 에너지를 생산해 내고 그 부산물을 처리할 수 있는 능력을 갖추고 있다. 이와 반대로, 인공시스템은 인간 생활의 복합체라 할 수 있는 기능을 유지하기 위하여 자연시스템으로부터 주로 화석연료에 의존하는 많은 양의 에너지와 물질을 조달받고 있다. 이와 같은 두 시스템의 관계는 곧 인공시스템이 자연시스템에 종속되어 있다는 사실을 말해 준다. 실제로 경제, 상업, 기술, 문화, 정보 등의 주된 활동 공간으로서의 대도시는 매일 엄청난 양의 에너지와 원자재를 인공시스템의 원활한 유지를 위해 자연시스템으로부터 수입하고 있다. 이러한 원자재와 에너지 등은 일생 생활에서 소비되어 마침내는 열, 가스, 배기가스, 쓰레기 능 더 이상 쓸모없는 에너지의 형태로 변환된다. 도시에서 만들어진 이 쓸모

---

1   자연생태계는 식물·동물·미생물로 이루어진 생물군집과 햇빛·온도·물·흙 등으로 이루어진 비생물환경 사이에서 물질과 에너지의 순환을 통해 상호작용이 일어남으로써 항상성이 유지되는 체계이다.

없는 에너지인 엔트로피, 즉 쓰레기와 토양오염, 교통체증 및 대기오염, 하수 및 산업폐수, 소음 등 우리가 늘 일상생활에서 접하는 환경문제는 결국 이러한 유형과 무형의 결정체로서 대도시의 환경의 질을 저해하고 자연시스템의 기능을 파괴시키는 원인이 된다.

이와 같은 현상은 근본적으로 위의 두 시스템 상호간의 에너지 및 물질순환 관계의 불균형에 기인한다고 하겠다. 특히 생태계 내의 인간 활동에 의한 생태계의 구성 요소인 유기, 무기물질(미네랄이나 물 등)의 무분별한 채취, 화학비료, 쓰레기 등 유해물질의 무제한 방출과 축적, 화학 및 독성물질의 과다한 사용과 남용, 건설 및 개발을 위한 산림 및 녹지의 무분별한 이용과 훼손, 하·폐수의 과다 방출 등이 그 주요 원인이다.

이러한 여러 원인들에 의해 대도시의 생태계의 특징은 인간의 영향력과 역할, 즉 인공시스템의 활동이 두드러져 자연생태계와 뚜렷하게 구별되는 특성을 보인다. 과거 수년간 계속된 경제성장 우선 정책은 우리의 대도시를 산업 및 공업중심도시로 변모시켰고, 이로 말미암아 대도시의 자연시스템 영역은 흔적조차 발견하기 힘들 정도로 파괴되고 말았다. 이러한 현상은 날로 증가하는 개발 수요를 충족하기 위한 토지의 무절제한 사용, 건설 및 건축물의 밀집, 그리고 토양의 비투수성 포장에 따른 당연한 결과로서 오늘날 대도시의 생태계를 구성하는 자연시스템의 요소인 대기 및 기후, 토양, 지하수, 녹지 등에 막대한 악영향을 초래하고 있다.

현재 우리나라의 대도시가 공통적으로 당면하고 있는 대기오염, 폐기물, 녹지파괴 등 여러 가지 유형의 환경문제는 결국 생태계의 기본원리에 상반되는 그동안의 도시계획과 디자인, 그리고 환경정책에 그 근본원인이 있다. 지속적인 도시로의 인구집중은 도시생태계 기본구조의 불균형을 자초하고 있으며, 에너지원 역시 무한한 태양에너지가 아닌 유한한 그리고 매장량이 급속도로 감소되고 있는 재생불능 화석연료를 사용하고 있다. 이러한 위기를 극복하고 도시민 모두에게 쾌적한 환경공간과 안락한 삶의 조건을 보장하기 위해서는 도시생태계 상호 기능의 적절한 조절과 개선에 역점을 둔 지속가능한 도시의 개발을 위해서는 조경 전문가들은 재생이나 재활용 그리고 재이용에 기반을 둔 자연과 화해를 시도하려는 그린디자인, 즉 리질리언스(회복 탄력성)와 같은 개념의 도입이 반드시 필요하다.

리질리언스

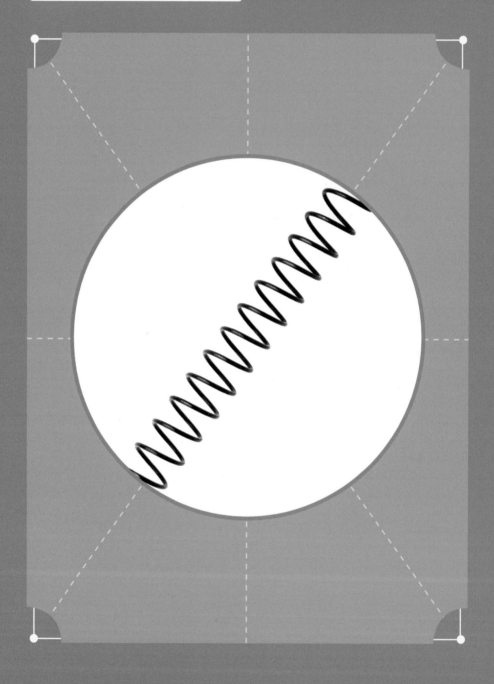

027

리질리언스

환경의 위기는 여러 면에서 디자인의 위기이며 환경의 문제는 디자인의 문제다.[1] 인간을 위해 만들어지는 각종 공업제품과 건축물에서부터 농수산물에 이르기까지 이 모든 것은 디자인제품이며 이것을 생산하고 제조하기 위해 투입되는 엄청난 양의 화석연료로 인해 여러 가지 환경문제가 발생한다. 인간의 요구를 충족시키기 위해 디자인으로 인해 만들어지는 모든 원자재의 구입, 운반 제조에 쓰이는 에너지부터 제품제조과정과 상품수송에서 판매까지 그리고 소비자에 의해 이용되고 폐기되는 모든 과정에서 엔트로피, 즉 쓰레기가 발생한다. 이 엔트로피 중 요즘 급속하게 진행되는 지구온난화의 주범은 바로 화석연료를 사용하면 발생하는 이산화탄소다.

근대 디자인이 탄생했던 19세기 산업혁명 이후 20세기 이후 급속한 과학기술의 발달과 함께 인구의 급증, 도시화 그리고 공업화 등으로 인류의 생활터전인 환경이 크게 위협받고 있다. 또한 환경을 외면한 경제개발 정책은 미래에 인류의 생존기반 자체를 허물어 버릴 것이라는 환경위기의식이 점차 고조되고 있으며, 환경문제는 지구적인 관심으로 등장했다.

환경문제는 별개 문제들의 단순한 혼합물이 아니라 문제 간에 상호 연결된 복합체로 파악될 수 있다. 이러한 환경의 특성에 관한 이해는 미래세대를 위한 지속가능한 개발을 위하여 조경에서 반드시 숙지해야 할 내용이라고 생각한다. 특성이라 함은 일정한 사물에만 있는 특수한 성질을 말한다. 환경의 특성 중 '탄력성과 비가역성'이 있다. 탄력성이란 물체(物體), 특히 용수철처럼 외부의 힘으로 당겼을 때 원래대로 돌아가려는 성질(性質)을 말한다. 비가역성은 용수철을 너무 자주 잡아당기면 변화를 일으킨 용수철이 본래의 상태로 돌아오지 못하는 성질이다. 이처럼 환경문제는 일종의 용수철과도

---

1   제이슨 맥레넌, 2009, 지속가능한 설계철학(정옥희 옮김), 비즈앤비즈.

같다. 어느 정도의 환경악화는 환경이 갖는 자체정화 능력, 즉 자정작용에 의하여 쉽게 원래의 모습으로 회복된다. 그러나 환경의 자정능력을 초과하는 많은 오염물질량이 유입되면 자정능력 범위를 초과하여 충분한 자정작용이 불가능해진다. 물의 경우, 수중에 오염물질이 축적되면 부영양화 현상과 같은 수질오염현상이 일어나서 플랑크톤이 과도하게 번식하여 정화기능을 저하시킨다. 이런 경우 생태계의 부(Negative)의 기능이 강화되고, 정(Positive)의 기능이 약화됨으로써 환경악화가 가속화되고 심한 경우 원상회복이 어렵거나 불가능하게 된다. 자연자원은 많을수록 회복탄력성이 좋지만 파괴될수록 회복력이 떨어진다. 이것을 환경의 탄력성과 비가역성이라고 한다.

리질리언스란 용수철의 회복탄력성을 말한다. 구체적으로는 '위험 요소 경감 및 토지이용 계획 전략, 주요 기간 시설 및 환경의 보존, 문화자원의 보호, 건조 환경을 재구축하고 경제, 사회, 자연환경을 되살리기 위한 지속가능한 실행'[2]을 말한다.

리질리언스는 처음 생태학에서 태동하여 최근에는 사회생태적 리질리언스 개념으로 발전되었다. 사회생태적 리질리언스 개념은 도시 계획 및 설계 분야로 확장되어 '도시 리질리언스'라는 새로운 개념이 등장하게 되었다.

최근 많은 조경 전문가들은 원래의 모습을 잃어가는 도시를 바라보며 스스로에게 '지속가능한 도시란 무엇인가?'에 대한 질문을 던졌다. 그들은 그 의문을 해결하기 위해 '랜드스케이프 어바니즘(Landscape Urbanism)'과 '도시생태학(Urban Ecology)'의 이론에 관심을 가지게 되었다. 지속가능한 도시를 만들기 위한 두 이론은 '그린인프라스트럭처' 등을 통해 도시 내 조경공간으로 탄생하였다.

원래 인프라의 의미는 생산이나 생활의 기반을 형성하는 중요한 구조물, 도로, 항만, 철도, 발전소, 통신 시설 따위의 산업 기반과 학교, 병원, 상수·하수 처리 따위의 생활 기반을 말하여 인프라는 인프라스트럭처를 줄여서 쓰는 말이다. 최근 이러한 원래의 인프라는 회색(그레이)인프라라고 부르고 도시의 공원녹지, 즉 근린공원, 어린이 놀이터, 공공공원, 보행자전용도로 그리고 도시 광장, 옥상정원, 커뮤니티 오픈스페이스, 학교 운동장, 가로, 수변, 그리고 공터 등의 연결망(네트워킹)을 그린인프라라고 말한다. 이러

---

2   USNDRF, www.rebuildbydesign.org/resources/book 2024년 1월 22일 검색.

한 그린인프라는 도시의 대기와 수질을 깨끗하게 하고 도심 홍수를 막아주며 열섬현상과 기후변화를 예방하고 도시 내 생물 종 다양성을 제공하는 도시생태계의 기반을 제공하며 시민들에게 다양한 놀이와 휴식 공간을 제공한다. 도시 내 이러한 건강한 그린인프라가 건강한 사람과 도시생태계를 만든다.

그러나 최근의 도시 개발은 급격한 기후변화와 대기 및 수질 오염, 생태계 파편화, 열섬현상 등과 같은 문제가 발생했고 지진, 태풍, 홍수, 가뭄 등과 같은 자연 재해에 의해 우리의 도시들은 더 이상 '지속가능하지 않은 도시'의 징후를 보이기 시작하였다. 많은 학자들은 구체적이고 실천적인 전략이 부족하고 주로 토지 이용만을 다루는 '랜드스케이프 어바니즘'과 '도시생태학' 이론의 단점을 극복하기 위해 예측 불가능한 자연의 교란을 흡수할 수 있는 '도시 리질리언스'를 갖춘 '회복력탄력성이 있는 도시'를 구현하고자 하였다.[3]

조경 분야에서 회복력 탄력성이 있는 도시를 위해 리질리언스 개념을 도입한 조경 전문가로 콩지안 유(Kongjian Yu) 교수가 있다. 유교수는 1995년 미국 하버드대 디자인대학원(Harvard GSD)에서 박사학위를 받았으며, 1995년부터 1997년까지 SWA Group의 Laguna사무소에 재직했다. 이후 1997년 북경대학교에 조경대학원을 설립하고 대학원장을 맡아 도시 및 지역계획학을 가르치고 있다. 그는 또한 조경회사 투렌스케이프를 설립하고 대표를 맡고 있기도 하다. 그는 중국 진후와시 옌웨이저우공원 수변습지에 리질리언스 개념을 도입하였다. 세 개의 강줄기가 만나 형성된 진후와강은 옛날부터 매년 홍수 피해를 일으켜 지역 사회를 단절시키고 주변 생태계를 파괴하기로 악명이 높았다. 진후와시는 이러한 피해를 막기 위해 높은 콘크리트 제방을 세우는 등 방법을 강구했으나 소용이 없었다. 이에 조경가 콩지안 유는 옌웨이저우 공원 프로젝트를 통해 기존의 방식이 아닌 완전히 새로운 형태의 대안을 제시했다. 그는 '홍수와 친구 되기'라는 핵심 설계 개념을 내걸고 예기치 않은 범람에도 적용할 수 있는 통합된 사회생태시스템으로써 이 문제를 접근하였다. 그 시스템이란 홍수를 인위적인 구조물을 통해

---

3 새로운 패러다임을 위한 도전, 도시 리질리언스(Urban Resilience), 2021, https://edesign.korea. ac.kr/17/?q=YToxOntzOjEyOiJrZXl3b3JkX3R5cGUiO3M6MzoiYWxsIjt9&bmode=view&idx=73 17779&t=board 2024년 1월 23일 검색.

막으려는 기존의 적대적인 관리 방법에서 탈피한 방법으로, 콘크리트 홍수 방벽을 철거하고, 계단식 하천 제방을 조성하였다. 그리고 조성된 제방에 내수성이 강한 토착 식물을 식재하고 추가적인 성토가 필요치 않도록 컷 앤드 필 전략을 도입하여 토공의 균형을 맞추었다. 이울러 인근 채석장의 자갈을 이용하여 대상지 내의 바닥을 투수층으로 바꾸었다. 이러한 발상의 전환으로 인해 엔웨이저우 공원은 생태습지이자 지역 사회의 휴식처로 완전히 탈바꿈하였다. 진후와시의 지역 축제인 용춤을 형상화한 곡선의 붉은 다리를 만들었다. 지역주민의 이동 패턴을 분석하여 다양한 위치에서 다리로의 접근을 가능하게 하였고 200년 빈도 홍수위보다 더 높게 다리를 설계하였다. 이용자들의 답압으로부터 수변습지의 훼손을 보호하고 진후와시의 고유문화를 계승하고 사회 및 생태적 정체성을 강화하였다. 리질리언스를 고려한 디자인이란 결국 대상지의 환경이나 자연에 대립하지 않고 순응하여 주민과 지역사회에 긍정적인 반향으로 이끌고 나가 '회복 탄력성이 있는 도시'를 만드는 것이 가장 중요한 핵심이라고 하겠다.

리질리언스 개념을 적용한 조경이란 기존의 도시 공간 중 재해지역뿐만 아니라 다양한 도시의 공간에 설계 과정적 특성으로는 ❶그 시대를 관통하는 정신, 즉 '도시 리질리언스'를 갖춘 '회복력탄력성이 있는 도시'의 의미 ❷대상지의 환경적, 기후적, 생태적인 특성 ❸지역 주민들의 인구 및 문화적 특성 등을 고려하여 지속가능한 실행 전략을 수립하는 것을 말한다.

조경을 위한

용어 에세이

랜드스케이프 어바니즘

028

랜드스케이프 어바니즘

조경분야에서 떠오르는 화두는 단연 랜드스케이프 어바니즘이다. 제임스 코너 (James Corner)는 랜드스케이프 어바니즘을 서로 다른 학문적 영역의 협력과 통합에 대한 청사진으로 해석하고 있다. 이때의 통합이라고 함은 서로 미묘하게 대립하고 있는 '랜드스케이프'와 '어바니즘' 두 용어 사이의 이념, 프로그램, 그리고 문화적 내용의 차이를 함께 수용하거나 포괄하는 개념이라고 그는 주장하고 있다. 아울러 랜드스케이프 어바니즘은 조경이 건축, 토목, 도시계획 등의 인접분야와 영역을 넘어 토지이용계획 및 설계를 하는 것이다. 1997년 미국 일리노이대에서 찰스 왈드하임의 주도로 랜드스케이프 어바니즘 심포지움 개최로 공론화되었다. 랜드스케이프 어바니즘은 도시를 살아있는 유기체로 보고 조경이 건축, 도시계획 등과 융합하여 도시순환적인 계획, 설계 등을 그 주요 내용으로 하고 있다.

가장 중요한 이 이론의 핵심은 지금까지 조경의 접근방법이 도시에서 인공적인 것과 자연을 둘로 나누는 이분법적인 사고였다면(예, 뉴욕의 센트럴파크) 이 새로운 조경 이론은 자연과 인공을 따로 구분하지 말고 하나로 보자는 통합적인 접근방법인 것이다. 도시에서 인공을 악으로 보았던 이안 맥하그의 접근과는 생태적 프로세스를 중요시한다는 점에서는 같으면서도 인공을 더 이상 도시의 악으로 여기지 않는다는 측면에서는 매우 다른 접근 방법인 것이다. 즉 '지금까지 도시공간이 건축, 도시, 조경, 행정, 문화영역, 시민의 삶 등 과 상관없이 개별적으로 계획되고 디자인된 것에 대한 반성과 앞으로는 이러한 분야가 함께 힘을 모아 도시공간을 만들어 가자는 실천의 장을 마련해주는 통섭의 실천적 패러다임이 바로 랜드스케이프 어바니즘이다. (중략) 찰스 왈드와임의 주상대로 랜드스케이프 어바니즘은 도시를 전체적인 조직으로 바라보아야 한다. '경관'도 끊임없이 변화하고 성장하고 쇠퇴한다는 진화론적인 힘을 가지고 있다는 메시지가 바

로 통섭과 혼성, 진화와 과정을 포함하는 것이다.[1]

한편 이러한 랜드스케이프 어바니즘 이론을 잘 적용시킨 사례로서 뉴욕의 하이라인 파크가 있다. 이 프로젝트의 핵심은 인공(버려진 철도)과 자연(공원)을 따로 구분하지 않고 하나로 보고 접근했다는 것이다.[2]

하이라인은 원래 인근에 도살장이 있어 '죽음의 애비뉴'로 불리던 맨해튼 로어 웨스트사이드10 애비뉴에 1934년 건설된 화물열차용 고가철도였다. 교통의 발달로 차츰 이용이 줄다가 1980년에 철도 운행이 중단됐다.

1999년 시민단체 '하이라인의 친구들(Friends of Highline)'이 결성돼 2003년 뉴욕시의 지원으로 철거 위기에 있던 하이라인을 공원으로 개발하는 계획이 세워졌다. 2004년 설계 공모전에 52개 팀 중 '제임스 코너 필드 오퍼레이션'이 당선됐다.

이듬해 시공에 들어가 1구간이 2009년 6월 9일 완공됐으며, 2구간은 2년 만인 2011년 6월 8일 베일을 벗었다. 미국의 대표적인 디자이너인 캘빈 클라인이 탄생 40주년 기념행사를 가졌던 곳이 바로 이 하이라인 파크였다고 한다.

그리고 2009년 6월 마이클 블룸버그 뉴욕 시장은 "(하이라인은) 뉴욕시가 시민에게 준 최대의 선물"이라고 '하이라인(Highline)' 개막행사에서 말했다고 한다. 이 잡초만 무성했던 맨해튼 웨스트사이드의 화물전용 고가철도는 뉴욕 시민의 보전 노력으로 '21세기 센트럴파크'로 변신하게 되었다. 총 길이 2.3km, 지상 2~3층 건물 높이(지상 약 10m)의 하이라인에는 300여 종의 야생화가 자라고, 일광욕 데크와 벤치들이 늘어서 있다. 이 하이라인에서는 뉴저지의 전망과 허드슨강의 노을, 패셔니스타(fashionista)들이 모여드는 미트패킹 디스트릭트의 야경이 한눈에 들어온다고 한다. 하이라인파크의 탄생으로 공원 주변은 뉴욕에서 가장 집값이 비싼 동네가 됐다고 하며, 프랭크 게리, 장 누벨, 시게루 반 등 유명 건축가들의 빌딩과 렌조 피아노가 설계한 휘트니 박물관이 들어설 예정이다.

우리가 일반적으로 알고 있듯이 하이라인의 총괄 디자인은 제임스 코너가 맡았지

1 http://blog.naver.com/hongdolry/60118468412 2024년 1월 23일 검색.
2 http://life.joinsmsn.com/news/article/article.asp?Total_ID=5691302&ctg=12&sid=5899 2024년 1월 23일 검색.

만 하이라인이 공원으로 변모하기 전에 그곳에서 자라고 있던 식생구조를 그대로 살려 실제로 재현시킨 식재디자이너는 네덜란드 출신의 정원 디자이너 피엣 우돌프(Piet Oudolf)[3]다. 다년생 식물 위주로 정원을 조성하자는 운동과 새로운 식재 운동(New Wave Planting)을 전개하고 있는 피엣 우돌프는 실제 그의 정원에서 다양한 실험을 하고 있다. 그는 기존의 정원 식재 양식에서 탈피하여 대평원의 야생화 초원을 연상시키는 디자인 구성으로 일년생보다는 야생화 위주의 식물군을 도입하고, 마치 화가의 캔버스 그림을 연상시키는 선명하고 화려한 원색의 배식 기법을 연출하여 하이라인파크를 완성했다.

---

3 주목할 만한 조경가 12인_피엣 우돌프, http://www.lafent.com/inews/news_view.html?news_id=110753 2024년 1월 23일 검색.

도시열섬현상

029

도시열섬현상

1820년 런던의 아마추어 기상학자 루크 하워드(Luke Howard)는 10년간의 런던의 매일의 기온변화 분석을 통하여 런던의 도심은 교외지역보다 24시간 평균기온이 7월에는 약 0.6℃가 높고 12월에는 1.2℃가 더 높다는 현상을 밝혀냈으며 오늘날 우리는 이것을 도시열섬현상(Urban Heat Island)이라고 부른다. 도시 기후학의 선구자인 캐나다 브리티시 콜롬비아대학(University of British Columbia)의 교수인 오케(T. R. Oke)[1]를 비롯한 전문가들이 제시한 열섬현상의 주요 원인은 자동차배기가스 등으로 인한 대기 오염과 도시 내의 인공열의 발생 그리고 건축물의 건설이나 지표면의 포장 등에 의한 지상피복의 상태 변화 등으로 요약된다. 이러한 도시열섬은 여름철 에어컨 사용증가로 인한 전력소비를 증가시키고, 전력소비는 화석연료의 사용을 증가시켜 대기오염이 증가하여 스모그현상을 가중시킨다. 미국 로스앤젤레스의 경우 여름철 일 최고기온이 0.6℃ 증가할 때마다 전기사용량은 2% 증가한다고 한다. 열섬으로 인한 도시의 기온상승은 인간의 건강에도 치명적이다. 로스앤젤레스의 경우 도시열섬으로 인해 오존 수치가 10~15% 증가하고, 이로 인해 수백만 달러의 의료비가 지출된다고 한다. 1995년 시카고에서 폭염으로 인해 700명의 노인이 사망했다. 열섬으로 인해 증가하는 오존은 사람의 눈을 자극하고 폐에 염증과 천식을 일으켜 세균에 대한 면역력을 저하시킨다. 미국의 도시의 거리에서 발생하는 범죄나 폭력사건은 더운 날씨에 더욱 증가한다고 한다. 매년 반복되는 여름철의 이상기후로 인한 폭염과 열대야와 같은 환경재난은 도시민들의 건강을 위협하며 동시에 도시생태계에도 심각한 영향을 미치고 있다. 캐나다의 한 연구에 따르면 도시열섬과 같은 '도시의 기후변화는 자연적 포식관계가 없는 외래종이 점차 늘어나면서 도시 생태계는 매우 취약한 상태에 처하게 되며, 도시 생태계가 이러한

---

1 TR Oke, 1987, Boundary layer climates, 2nd edn., Routledge, London.

취약한 상태가 되면 그 손실의 정도나 기간, 위치를 정확히 파악할 수 없다는 것이 가장 큰 문제'라고 한다.

지난 100여 년 간 우리나라 서울, 부산, 대구, 인천 등 7대 대도시의 평균기온이 1.85℃ 상승했다. 지구 평균기온이 지난 130년 간 0.85℃ 상승한 것과 비교하면 상승폭이 무척 크다. 환경은 우리 생활과 불가분의 관계에 있으므로 도시환경개선을 위한 조경의 역할은 앞으로 점점 더 중대할 것이다. 조경 전문가들은 이산화탄소의 흡수 정도를 높이는 디자인을 통하여 도시의 기후 변화정도를 '완화(mitigation)'시켜야 한다. 또 이미 시작된 도시의 기후 변화에 슬기롭게 '적응(adaptation)'할 수 있는 도시를 만들 수 있는 방법을 고안해야 한다.

도시 내의 녹지가 감소할수록 자연에 대한 시민들의 동경심은 더 커질 것이다. 이러한 시민들의 욕구를 충족시키는 것이 바로 조경가의 몫이므로 이에 대한 시대의 흐름에 맞는 준비가 있어야 할 것이다. 그 시대의 흐름이란 바로 조경이 지속가능한 개발에 동참하는 것이다. 그리고 도시열섬현상은 조경이 지속가능한 개발의 관점에서 반드시 해결해야 할 도전이고 숙제이다.

이러한 열섬현상을 저감하기 위해 필자가 몇 가지 대책을 제안하면 다음과 같다.

먼저 도로, 주차장 등 포장면의 잔디블록 등 투수성 재료로 전환, 건물 사이 좁은 면적이라도 녹지를 조성하는 등의 정책을 적극 도입하여 도시의 지표면을 지표면의 비축열(備蓄熱) 증가를 초래하는 불투성 포장을 투수성 포장으로 개선하는 것이다. 두 번째로는 스펀(Spirn, A. W.) 교수가 제안한 '엔트로피가 적게 발생하는 공원녹지'를 설계하는 것이다. 우리 주변 도시공원에서 흔히 발견되는 주택가 주변의 '개방형 공공 공원녹지'는 시공과 관리를 위해 외부에서 많은 에너지가 공급되고 엔트로피도 많이 배출되는 공원녹지다. 그러나 산지의 녹지만으로 조성되는 '자급자족형 산지 공원녹지'는 인위적으로 에너지 공급이 거의 필요가 없고 이와 더불어 엔트로피의 방출이 거의 제로에 가깝다. 자급자족형 공원녹지와 개방형 공원녹지를 절충한 '반 자급자족형' 공원녹지는 산지형 공원의 다층형 식재 계획을 유도하고 친환경적인 조경 및 공원 자재 개발을 통한 경제적 효율 극대화 및 에너지 이용효율 향상으로 적극적인 에너지절약 시책 추진을 시행하여 공원에서의 인공열(Anthropogenic heat) 발생과 엔트로피 방출을 억제하는 것이다. 이처럼 공원녹지는 도시 열섬현상과 같은 환경문제를 해결하기 위해서 반드시 존재해야 할 '필수 조건'이다. 공원녹지는 지금까지 도시의 환경과 시민들에게 많은 혜택을 제공하는 '매개'로서 중요한 역할을 해왔다. 기후변화시대 도시의 공원과 녹지는 급속한 도시화로 인해 황폐해진 도시생태계와 각종 환경오염으로 고통 받는 도시민을 치유(Healing)하고, 도시와 도시민 모두를 건강(Healthy)하게 만들어 사람과 사람, 도시의 자연 시스템과 인공 시스템 간의 조화(Harmony)를 가져오고 마침내 도시민들에게 행복(Happiness)을 주는 역할을 한다. 아울러 도시공원은 여러 가지 도시의 생태(Ecology)문제를 해결함과 아울러 주변의 경제(Economy) 가치를 상승시킨다.

더 많은 공원과 녹지가 도시 곳곳에 조성되기를 소망한다.

조경을 위한 용어 에세이

지속가능한 개발

030

지속가능한 개발

　　지속가능한개발(Sustainable Development)이란 용어는 1968년 로마클럽이 결성된 뒤, 1972년 이 클럽의 경제학자들과 기업인들이 경제성장과 과학에 대한 비판의 일환으로 발표한 보고서인 〈성장의 한계(The Limits to Growth)〉에서 처음 사용되었다. 그들은 보고서에서 "재생 불가능한 자원의 사용 속도는 인구나 공업성장 속도보다 빠르게 증가해 마침내는 고갈될 수밖에 없다"와 같은 지구의 경제성장과 자원의 고갈문제와 같은 5가지 비판적 분석을 제안하고 다음과 같은 말로 지구환경의 심각성을 경고 했다.

　　"연못에 수련(水蓮)이 자라고 있다. 수련은 매일 배로 늘어나는데 29일째 되는 날 연못의 반이 수련으로 덮였다. 아직 반이 남았다고 태연할 수 있을까? 연못이 완전히 수련으로 덮이는 날은 바로 다음날이다."

　　그리고 같은 해 1972년에 열렸던 스톡홀름 '유엔인간환경회의' 10주년을 기념하는 유엔환경계획(UNEP)회의에서 채택된 '나이로비선언'은 '환경과 개발에 관한 세계위원회(WCED)'의 설치를 결의하였다. 그리고 1987년 WCED의 위원장이자 전 노르웨이 수상이었던 브룬트란트여사 등 일련의 연구진이 작성한 '우리공동의 미래(Our Common Future)라는 보고서(일명 브룬트란트 보고서)에서 지속가능한 개발에 관한 정의 및 대처방안을 기술하였다. 이 보고서에 따르면 지속가능한 개발이란 '미래세대의 욕구를 충족시키기 위하여 그들의 능력을 훼손하지 않는 범위에서 현세대의 욕구를 충족시키는 개발(Sustainable development that meets the needs of the present without compromising the ability of future generations to meet their own needs)'로 정의했다. 지속가능한 개발은 이 보고서를 통하여 전 세계적으로 알려졌다.

　　'지속가능함은' 지구가 버틸 수 있다는 뜻이며, 개발 혹은 발전은 단순한 성장의 개념이 아닌 생활의 질의 향상이 포함된 개념으로 사용되고 있다. 이는 과도한 인구증가의 억제와 자원의 고갈을 막으면서 지구 생태계를 보전하고 선진국과 후진국이 협력하여 세계 각 지역이 균형있고 공평하게 발전하는 것으로서 세계가 이러한 지속가능한 개발에 따라 발전한다면 미래에도 안정적인 성장을 할 수 있을 것이다.

그러므로 지속가능한 개발은 환경문제의 관점에서 볼 때 생태주의처럼 과격하지도 않고 보전주의처럼 보수적이지도 않은, 그 범위가 상당히 넓은 환경주의와 맥을 같이 한다. 즉, 환경주의란 현 체제에 근본적으로 변화가 없더라도 개혁 차원의 접근 방법을 통해 환경 문제를 해결할 수 있다고 믿는 시각이다.

이창우 박사는[1] 여러 연구자들의 선행 연구결과를 종합하여 지속가능한 도시개발을 이루기 위해서는 지속가능한 개발의 5가지 대원칙과 하부 원칙 3가지를 제안했다. 이 원칙은 아직까지 유효하다고 생각된다. 그 내용은 다음과 같다.

첫째, 미래세대의 원칙

· 도시 내에서 어떤 활동도 미래세대의 이익을 손상시켜서는 안 된다.

· 현 세대의 안전도 확보되어야 한다.

· 전통이 존중되며 노령 인력이 가치가 있는 인적 자원으로서 인식 되어야 한다.

둘째, 자연보호의 원칙

· 생명 유지 장치로서의 도시 생태계는 보호되어야 한다.

· 도시녹지와 야생 동식물은 보전되어야 한다.

· 유해 오염물질의 배출은 통제되어야 한다.

셋째, 시민참여의 원칙

· 지역사회가 개발의 중심이 되어야 하며 지역사회 주민이 의사결정 과정에 반드시 참여해야 한다.

· 정보·기술의 교환을 증진 시킬 자유로운 정보 유통 체계가 확보되어야 한다.

· 지방정부와 지역사회 주민 간의 효과적이고도 밀접한 관계가 구축되어야 한다.

넷째, 사회형평의 원칙

· 공공재에 대한 공평한 접근 기회가 부여되어야 한다.

· 분배적 정의가 실현되어야 한다.

---

[1] 이창우, 1995, 도시농업과 지속가능한 개발, 도시계획학회 제83회 학술발표대회 논문집.

- 부당한 도시개발 정책에 대해 항의할 권리가 시민에게 부여되어야 한다.

다섯 번째, 자급경제의 원칙

- 도시 내의 생산적 자원은 시민의 필요에 부응하는 데 우선적으로 사용되어 야 한다.
- 도시 내의 모든 활동은 에너지효율을 추구하며 에너지 절약적이어야 한다.
- 도시 내의 경제·사회 활동에 참여하는 참여자의 수는 수용 능력의 한계 내 에서 통제되어야 한다.

  지속가능한 도시는 토지의 공공성을 최대한 살리고 이를 도시생태계와 조화를 이루는 방향으로 토지 이용계획을 수립하고, 토지자원의 절약을 극대화해야 할 것이다. 교통에서도 지하철이나 대중 교통시스템을 확대하고 자전거 등을 위한 에너지 절약형 교통시설도 적극 도입해야 한다. 또한 공원과 오픈스페이스 등 적정 규모의 녹지 공간을 확보하려 관리하는 것은 도시환경의 쾌적성 유지와 도시 생태계 보존을 위해 필수적이다. 구체적으로 보면 도시내부에서 환경보전을 위해 기존의 녹지나 공원을 연계하는 녹지네트워크[2]를 조성하고, 도심지의 자투리땅을 녹지공간으로 개발해야 한다. 동시에 고밀도로 개발되는 도심지에서는 시민들이 쉽게 녹지공간에 다가갈 수 있도록 고층건물의 옥상이나 벽면 그리고 테라스를 녹화하는 것도 필요하다. 뿐만 아니라 미래세대를 위한 녹지의 감소를 방지하기 위하여 주택지 개발과정에서 일정규모 이상의 녹지 조성을 의무화하고 바람길 같은 친환경 '탄소제로도시'로 나가기 위한 정책방안들이 적극 검토되어야 할 것이다. '탄소 제로 도시'란 지구온난화의 주범으로 지목되는 이산화탄소 배출량이 '0'인 도시를 말한다. 조경디자인이 지향하는 도시가 바로 탄소 배출량이 '0'인 지속가능한 도시다.

---

2 권오성, 2020, 대도시 환경보전을 위한 녹지네트워크 개선방안, 경북대학교 조경학 박사학위논문.

그린디자인

031

그린디자인

　　조경이 탄생하던 19세기에는 새로운 기술(technology)인 기계가 산업 안에 파고 드는 소위 산업화의 영향으로 정치, 경제적인 면에서뿐만 아니라 사회적이고 문화적인 면에서도 과거 유럽 사회가 지녀온 방식과는 전혀 다른 차원의 삶의 양식을 출현시켰다. 즉 산업사회의 진전은 당연히 생활환경의 변화를 촉진시키고 공간과 사고의 양식을 변용시켰다. 그리고 왕족과 귀족을 대신하여 새롭게 사회의 주역으로 등장한 부르주아 계층은 시민사회를 형성해 가면서 과거의 전통들과 단절된 그들 고유의 새로운 미학을 확립하고 뒷받침한 것이 바로 기계화된 대량생산방식이었다. 당시 유럽 내에서 진보적인 아방가르드 미술가들과 예술가들은 사회변화에 부응하면서 새로운 사회에 적합한 예술형식을 탐색하기 시작하였고 모던 디자인을 탄생시켰다. 이러한 변화들 중 영국의 미술공예운동 등을 비롯하여 19세기에 시작된 모던 디자인은 한마디로 말해 디자인이라고 하는 언어를 통하여 사람들의 생활이나 환경을 어떻게 변혁하고, 어떠한 사회를 실현할 것인가라는 문제의식을 가진 프로젝트였다.[1] 근대 디자인이 탄생했던 19세기 산업혁명이 지난 20세기 이후 급속한 과학기술의 발달과 함께 인구의 급증, 도시화 그리고 공업화 등으로 인류의 생활터전인 환경이 크게 위협받고 있다. 또한 환경을 외면한 경제개발정책은 미래에 인류의 생존기반 자체를 허물어 버릴 것이라는 환경 위기의식이 점차 고조되고 있으며, 환경문제는 지구적인 관심으로 등장했다. 왜냐하면 오염물질과 에너지의 방출로 인한 오염의 규모와 패턴, 그리고 규칙적인 흐름, 기상학·수문학적인 리듬 등을 고려했을 때 국가적인 차원의 정치문제를 넘어 세계화되고 있기 때문이다. 예컨대 대기 중에 이산화탄소와 염화불화탄소 그리고 메탄 등을 증가시킴으로써 성층권의 오존층이 파괴되고 지구온난화현상을 발생시키는가 하면, 발

1　카와사키 히로시, 1999, 20세기의 디자인(강현주·최선녀 옮김), 서울하우스, p.16.

전소와 제련소에서 발생되는 황산과 질산 등과 같은 산화물질이 용해되어서 대기로 증발해 산성비가 되어 국경을 넘어 다른 곳에 뿌려지고 있다. 원유 유출로 인해 해양으로 오염이 이동하는 등 기존의 국지적이던 환경문제가 지구 전체의 문제로 확대되어 가고 있다.

따라서 환경문제는 별개의 문제들의 단순한 혼합물이 아니라 문제 간에 상호 연결된 복합체로 파악될 수 있으며, 그 구조의 특징을 살펴보면 대체로 다음과 같은 몇 가지의 특성을 지니고 있다. 이러한 환경의 특성에 관한 이해는 미래세대를 위한 지속 가능한 개발을 위하여 조경 및 건축 관련 디자이너가 반드시 숙지해야 할 내용이라고 생각한다. 나는 디자이너들이 이 환경의 특성[2]을 잘 이해하는 것이 그린디자인의 출발점이라고 본다.

먼저 환경문제는 상호작용하는 여러 변수들에 의해 발생하므로 상호 간에 인과관계가 성립되어 문제 해결을 더욱 어렵게 하고, 또한 이러한 문제들끼리 상승작용을 일으켜 그 심각성을 더해가며, 상승작용은 오염의 경우에 뚜렷하게 나타나는데, 각 오염물질은 서로 화학반응을 일으켜 더 큰 문제를 유발하기도 한다. 우리는 이를 환경의 상호 관련성이라고 한다. 자동차 디자인의 과정을 잘 살펴보면 이러한 특성을 잘 이해할 수 있을 것이다.

다음으로 오늘날 환경문제는 어느 한 지역, 한 국가만의 문제가 아니라 범지구적이며 국제 간의 문제다. 따라서 이러한 '개방체계'적인 환경의 특성에 따라 공간적으로 광범위한 영향권을 형성한다. 이는 환경의 특성 중 광역성이다. 봄철 흔히 발생하는 한반도의 황사가 좋은 예이다.

세 번째의 환경 특성은 시차성이라고 부르는데, 이는 환경문제의 발생과 이로 인한 영향이 현실적으로 나타나게 되는 데는 상당한 시차가 존재하게 되는 경우가 많다. 인간의 인체는 오염을 반응하는 시간이 느리기 때문에 심한 경우에는 원상태로 회복될 수 없을 정도로 악화된 연후에 영향을 발견하는 일이 허다하다. 그 예로 미국의 러브 커넬 사건은 유해 폐기물을 매립한 후 30~40년이 지난 후에 그 피해가 발생하였다. 일본

---

2   이 책 10장을 참고하기 바란다.

의 공해병으로 알려진 미나마타병과 이따이이따이병도 오랜 기간 배출된 오염물질의 영향이었던 것이다.

탄력성과 비가역성은 또 다른 환경의 특성 중 하나이다. 즉 환경문제는 일종의 용수철과도 같다. 어느 정도의 환경 악화는 환경이 갖는 자체 정화 능력, 즉 자정작용에 의하여 쉽게 원상으로 회복된다. 그러나 환경의 자정능력은 초과하는 많은 오염물질량이 유입되면 자정능력 범위를 초과하여 충분한 자정작용이 불가능해진다는 것이다.

마지막으로 가장 중요한 환경의 특성은 엔트로피 증가인데, 간단히 엔트로피의 증가라 함은 『사용 가능한 에너지(Available energy)』가 『사용 불가능한 에너지(Unavailable energy)』의 상태로 변하는 현상을 말한다. 그러므로 엔트로피 증가는 사용 가능한 에너지, 즉 자원의 감소를 뜻하며, 환경에서 무슨 일이 일어날 때마다 얼마간의 에너지는 사용 불가능한 에너지로 끝이 난다. 이런 사용 불가능한 에너지가 바로 「환경오염」을 뜻한다고 할 수 있다. 대기오염, 수질오염, 쓰레기의 발생은 모두 엔트로피 증가를 뜻한다. 환경오염은 엔트로피 증가에 대한 또 다른 이름이라고도 할 수 있으며 사용 불가능한 에너지에 대한 척도가 될 수 있다.

이러한 배경 하에서 그린디자인의 탄생은 자원절약과 엔트로피를 줄이기 위한 디자인이며 동시에 오늘을 살아가는 디자이너의 윤리이다. 이는 근대 프로젝트였던 디자인의 탄생에서는 전혀 고려되지 않았던 문제이며, 그로 인하여 야기된 도시와 지구의 환경문제를 우리는 눈으로 보고 몸으로 체험하고 있다. 그래서 그린디자인은 인간과 자연을 화해시켜 지속가능한 공동체를 만드는 데 그 목적이 있다.

도시공간에서 조경이 만나는 그린디자인은 쓰다버린 정수장과 도축장을 공원으로 변모시키고, 산업시대 유산인 공장이전적지나 폐철도 등을 자연을 공급하여 공원으로 만들기도 하고 덮여있던 하천을 새롭게 생명이 흐르는 강으로 탈바꿈시키거나 버려진 쓰레기 매립장으로 만든다. 죽어가는 도시를 되살리는 치유시켜 도시를 건강하고 조화롭게 만들어 도시민을 행복하게 만드는 조경을 저자는 간단히 "그린디자인"이라고 부르기로 한다. 그 예로서 이 조경 분야에서 많이 회자되는 것이 폐철도를 재활용한 뉴욕의 하이라인, 파리의 라빌레트공원 그리고 서울의 선유도공원 등이다. 이처럼 조경에서의 그린디자인은 완제품을 여기저기에 조성함으로써 얻어지는 것이 아니라 버려지고 황폐해진 도시환경을 재활용과 재이용이라는 그린디자인적 관점에서 최적의 해결방안을 제시하는 것이다. 즉 도시 내에서 시간 개념을 담고 자연을 품은 그린 환경을 조성하여 도시와 시민을 치유하여 인간과 자연이 서로 건강하고 조화로운 관계를 만들어 행복을 추구하게 하는 것이 그린디자인의 궁극적인 모습이다. 그래서 조경을 통한 그린디자인의 방법은 5R(Reduce, Recycling, Reuse, Renewable Energy, Revitalization)이며 그 목적은 4H(Healing, Healthy, Harmony, Happiness)다. 뉴욕의 하이라인에 투입된 5천만 달러는 죽어가던 철도변의 부동산 가치를 상승시켜 늘어난 세수로 충당되었다고 한다. 그린디자인으로 인한 그린투입의 효과와 도시화에 미치는 긍정정인 영향력을 보여 준 좋은 사례이다.

이러한 조경의 그린디자인을 통한 왕성한 활동은 도시를 살리고 지구를 살리는 데 크게 기여할 것이다. 그린디자인은 지속가능한 디자인이다.

조경을 위한

용어 에세이

지속가능한 디자인

032

지속가능한 디자인

지속가능한 디자인의 기초 개념인 지속가능성은 1972년 로마클럽[1]의 보고서인 '성장의 한계'에서 처음으로 사용되었다. 이후 브룬트란트 보고서(Brundtland Report)로 알려진 환경과 개발에 관한 세계 위원회의 보고서(WCED) '우리 공동의 미래(Our Common Future)에서 지속가능한 발전 혹은 개발의 개념으로 발전했다. 즉 지속가능한 개발이란 "미래세대의 요구를 제한하지 않는 범위 내에서 현세대의 욕구를 충족시키는 개발"을 말한다.

지속가능한 디자인은 그린디자인의 다른 말이나 조금 다르게 쓰인다. 지속가능한 디자인은 다양한 분야에서 그린디자인, 에코디자인, 생태디자인, 친환경디자인 등의 이름으로 쓰이고 있다. 생물학자 최재천 교수는 그린디자인을 "생물의 다양성을 존중하는 디자인, 혹은 주변에 살고 있는 생명체들과 생물학적 구성 요소 사이에 균형을 추구하는 디자인"[2]으로 제안했다. 생물학자들이 말하는 생태계란 생물적 구성요소와 비생물적 구성요소가 서로 유기적으로 영향을 주고받으며 전체를 이루는 공간을 말한다. 생물과 비생물의 유기적 조합이 그린디자인이다. 이는 도시공간을 다루는 건축·조경·도시 관련 디자이너들에게 많은 시사점을 준다. 최근 지구환경의 위기와 관련하여 탄생한 '지속가능한 디자인'은 자원절약과 엔트로피를 줄이기 위한 디자인이며 동시에 오늘을 살아가는 디자이너의 윤리이다. 이는 근대에 탄생한 '디자인'이라는 프로젝트에서는 전혀 고려되지 않았던 문제이며, 그 프로젝트로 인하여 야기된 도시와 지구의 환경문제를 우리는 눈으로 보고 몸으로 체험하고 있다. 그래서 지속가능한 디자인은 인간과

---

1 로마클럽은 1970년 3월 세계 25개국의 과학자·경제학자·교육자·경영자들이 창립한 민간단체다. 1968년 4월에 이딜리아 로마에서 저녁 회의를 가졌기 때문에 로마클럽이란 이름을 붙였다. 로마클럽은 1972년 《성장의 한계(The Limits to Growth)》라는 미래 예측 보고서에서 지속가능성이라는 개념을 주장하였고 제로성장의 실현을 주장하여 주목을 받았다.
2 최재천, 2009, 상상 오디세이, 다산북스, p.231.

자연을 화해시켜 지속가능한 공동체를 만드는 데 그 목적이 있다.

세계는 지금 기후변화 문제 해결이라는 인류 역사상 가장 큰 도전에 직면해 있다. 디자이너들은 실제 지속가능한 미래를 실현하기 위해 제품, 서비스, 시스템을 재검토하고, 다시 생각하고 다시 만들 수 있는 유일무이한 위치에 있다. 지속가능한 성장이라는 긍정적인 발전의 선두에는 창조적인 사상가와 행동가인 디자이너가 서야 한다.[3] 도시와 관련된 디자인 분야에는 세 그룹이 있다. 도시(교통), 건축 그리고 조경디자인이다.

먼저 지속가능한 도시디자인은 지금까지의 자동차 위주의 도시개발 정책에서 보행자와 자전거 이용자, 그리고 대중교통 이용자들을 위한 도시 개발정책으로 전환시켜 사람들이 살아가기에 더 지속가능하고 친환경적인 생태도시를 만드는 것[4]이 그 핵심이다. 지속가능한 도시는 토지의 공공성을 최대한 살리고 이를 도시 생태계와 조화를 이루는 방향으로 토지 이용계획을 수립하고, 토지자원의 절약을 극대화해야 한다. 교통에서도 지하철이나 트램(Tram)과 같은 대중 교통시스템을 확대하고 자전거를 위한 에너지 절약형 교통시설도 적극 도입해야 한다.

슈투트가르트시에서는 시내를 관통하는 전차의 레일 아래에도 자갈 대신 잔디를 심어 지열을 흡수시키고 있다. 현재 전체 선로 230km 중에서 40km가 잔디밭으로 조성돼 있다. 시에서는 자갈이 깔린 기존의 선로를 뜯어내고 잔디를 깔려면 비용이 많이 들 것으로 판단하여 현재 새로 조성되는 전차 선로에만 녹지대를 조성하고 있다고 한다.

지속가능한 건축디자인은 "건축 환경의 기능과 효용은 극대화하면서, 건축 환경이 자연환경에 미치는 악영향은 전혀 없거나 최소화시키는" 디자인 철학이다. "심 반 데 린이 그의 저서 「생태디자인」에서 주장한 대로, 환경의 위기는 자재의 제조, 건물의 축조, 대지의 이용 등에서의 관행에서 빚어진 디자인의 위기라고 할 수 있다. 지속가능한 건축 디자인은 디자인이 자연에 해를 끼치는 행위임과 동시에 그것을 치유하는 과정이라는 시각에서의 접근방법으로 그동안의 건축디자인과 관리에 대한 해묵은 관념을 깨는

---

3 주한 영국문화원 주최 세미나, 2008년 10월 10일, "지속가능 디자인: 크리에이터의 새로운 도전과 기회에서."

4 Adam Richie & Randal Thomas, 2011, 지속 가능한 도시 디자인(이영석 옮김), 환경적 측면으로의 접근, p.13, 기문당.

대 변혁"[5]이라고 할 수 있다.

그렇다면 지속가능한 조경디자인의 핵심은 무엇일까? 최근의 조경디자인은 전통적으로 도시민에게 쉼터의 역할을 했던 도시의 공원녹지가 전통적인 역할을 넘어서 도시의 생태적 용기 또는 통로, 즉 도시 환경문제 해결의 매개로서의 가능성을 제시하였다. 독일 슈투트가르트시는 도시녹지를 이용하여 산지의 신선하고 차가운 공기를 도시 안으로 끌어들여 만든 바람통로는 도시의 대기오염을 개선하고 도시열섬으로 뜨거워진 도시를 시원하게 해주는 역할을 하여 지속가능하고 쾌적한 환경도시를 만드는 데 기여한다. 특히 슈투트가르트시 서쪽 신도시조성지역이 확정되면서 토지이용계획에는 건물이 들어서면 안 되는 지역임에도 불구하고 산업시설로 지정돼 있어 기본계획을 전면 재수정해 녹색지대로 바꾼 것은 개발·경제논리보다는 환경보존의 정책을 선택한 좋은 예이다. 조경도 도시녹지의 사회적·경제적 역할과 함께 환경적 역할을 주목하는 지속가능한 디자인을 강조해야 한다.

공원과 오픈스페이스 등 적정규모의 녹지공간을 확보하고 관리하는 것은 도시환경의 쾌적성 유지와 도시 생태계 보전을 위해 필요하다. 도시 내부에서 기존의 녹지와 공원을 연계하는 녹지연결망을 조성하고, 도심의 자투리땅을 녹지공간으로 개발해야 한다. 동시에 고밀도로 개발되는 도심지에는 시민들이 쉽게 녹지공간에 다가갈 수 있게 고층건물의 옥상이나 테라스를 녹화하는 것도 필요하다. 미래세대를 위한 녹지 감소를 방지하기 위하여 주택지의 개발과정에서 일정규모 이상의 녹지 조성을 의무화하고 바람길 같은 친환경도시로 나아가기 위한 정책방안들을 적극 검토해야 한다.

그러나 필자는 아직까지 제대로 지속가능한 디자인의 개념을 이해하고 실천하는 디자이너를 학교와 현장에서 잘 보지 못하였다. 그것은 아직 우리나라 대학의 디자인 스튜디오에서 환경적인 측면보다는 경제적 혹은 사회적인 측면만을 강조해서 교육하기 때문이 아닐까하고 생각한다. 지속가능성이란 경제적인 측면과 사회적인 측면 그리고 환경적인 측면이 골고루 다 고려되어야 하는 디자인 접근방법이다. 그럼에도 불구하고 디자인 스튜디오에서 환경은 늘 뒷전이다. 왜냐하면 디자인의 환경적인 측면을 제대로

5 제이슨 맥러넌, 2009, 지속가능한 설계 철학(정옥희 옮김), 비즈앤비즈, p.29. p.31.

이해하는 전문가가 부족하기 때문이다. 아울러 그 교육의 이해 당사자인 한국 학생들의 환경에 대한 문제 인식의 수준도 그리 높지 않은 것도 사실이다.[6]

　이러한 배경에서 도시 관련 분야에서의 지속가능한 디자인이라 함은 결국 친환경도시를 위한 디자인, 기후변화에 적극 대응하는 탄소제로디자인, 엔트로피제로의 디자인을 말한다. 결국 지속가능한 디자인 개념의 시작은 도시와 지구의 환경파괴에 대한 우려에서 나왔지만, 이것은 단지 환경에만 국한된 개념이 아니다. 환경과 인간과 사회는 서로 긴밀하게 연결되어 있기 때문에, 인간이 환경을 생각하려면 반드시 자신의 사회도 함께 생각해야 한다. 지속가능한 디자인의 세 구성요소는 환경, 경제, 사회다. 경제 발전과 사회적 통합, 환경 보전을 함께 이루어가며 발전을 도모해나가는 것을 의미한다.

6　황철원, 2012, 한국과 미국 지역 대학생들의 환경 문제 인식에 대한 통계 분석적 비교연구, 한국지리환경교육학회, 제20권 2호, pp.69-84.

조경을 위한

용어 에세이

식재디자인

033

식재디자인

식재 디자인이란 '선정된 수목 스스로가 지니고 있는 기능, 아름다움과 생태적 특성 등을 최대한 발휘하여 하나의 통일된 아름다운 경관을 조성하도록 계획하고 설계하며 또 시공을 통하여 마무리하는 것'이다.[1]

식재 디자인을 위하여 조경 전문가가 가장 먼저 알아야 하는 사항은 식재디자인 원리나 식재할 식물의 종류 그리고 수목의 다양한 생육특성 등과 같은 기본지식이다. 즉 조경디자이너는 식재할 식물을 실제로 접한 경험이 있어야만 자신 있게 자신의 식재 계획에서 디자인에 쓸 수목을 선정할 수 있다.

만약 식재디자이너가 사무실에서 책을 뒤져서 식물을 선정한 경우에는 시공 후 예상하지 못한 경관을 경험하게 될 것이다. 따라서 대상지에 이용할 식물은 반드시 식재디자이너가 직접 눈으로 사계절을 통하여 생육상태를 관찰하는 것이 원칙이다. 그래서 식재디자이너는 식재계획에 이용할 수종을 자신만의 식재 목록으로 작성해 두어야 한다. 개인적으로 나만의 수목일기를 쓸 것을 제안한다. 조경디자이너에게 식물이란 화가의 물감이다. 조경용 식물을 직접 생산하지는 않더라도 그 쓰임에 대해서는 잘 알고 있어야 한다. 이것은 단지 조경디자이너에게만 국한된 문제가 아니라 조경을 공부하는 모든 사람들에게 해당되는 말이다.

사사키 어소시에이츠(Sasaki Associates)의 창립자 히데오 사사키는 '디자인은 모든 조작 가능한 인자들을 하나의 포괄적인 전체로 연관시키는 과정'이라고 했다. 이는 식재디자인의 경우 수목이 가진 아름다움과 수목 원래의 특성을 잘 파악하고 재배열하여 사람들에게 통일된 자연 경관을 제공하는 과정이라는 말이다.

식재디자인은 수목이 가진 기능과 생태적 의미를 포함하여 초본류나 목본류와 같은

---

1 윤국병, 1981, 조경배식학, 일조각, p.89.

조경 식물을 식재함으로써 미시각적, 생태적 의미를 부여하고, 식물을 이용하여 경관을 디자인하려는 사람이라면 누구나 몇몇 기본적인 디자인 원리를 적용한다. 이 원리는 건축, 인테리어 디자인, 그리고 다른 예술을 포함하여 모든 전문 디자인에 공통된 것이다. 아울러 이 디자인 원리는 균형, 균제, 반복, 통일, 대비, 축, 질감, 리듬 그리고 점진 등을 다양하게 사용하여 구성된다. 아울러 이 용어들은 모든 예술 작품의 미학적인 구성에 적용된다. 식재 디자인에 있어서도 몇 몇 특별한 기능 역시 미학적 전개와 함께 고려되어야만 한다.[2]

식재디자인은 먼저 수목의 쓰임새에 따라 공간을 세부적으로 나누는 작업부터 진행한다. 그리고 디자인개념에 따라 대략적인 수목의 배치가 결정된다. 구체적인 수목의 규격과 수종은 기본설계과정에서 이루어진다.

식재디자인은 기본적인 식재개념도를 작성하고 그것을 바탕으로 교목과 관목 그리고 상록수와 낙엽수의 구분, 대략적인 수목의 규격과 수형 그리고 식재할 수목의 기능 등을 개념적으로 표현한다. 그리고 수목은 많은 수목을 배치하기보다는 적절히 비우고 적절히 모으면서 주변의 지형이나 물이나 돌 등 다른 공간 요소와 어우러지게 식재디자인을 한다. 수목은 홀수로 식재하는 것이 짝수로 식재하는 것보다 공간구성과 균형 잡기에 더 유리하다. 그리고 상록수는 통상 짙고 거친 질감 때문에 낙엽수보다 무겁고 단조로운 느낌을 준다. 따라서 상록수를 배경으로 사용하고 낙엽수와 적절하게 섞어주면 계절의 변화와 상응하는 멋지고 자연스러운 외부공간을 창조할 수 있다. 식재계획의 개념도에는 그 지역의 특성, 수목의 생태적 생리적 특성을 고려하여 다이어그램이나 표를 만들어 활용한다. 그리고 식재디자인은 교목과 관목을 함께 고려하여 계획한다. 교목은 공간의 틀을 만들고 교목의 식재공간을 전체적, 부분적으로 연결하는 중요 요소는 관목이나 지피식물이다.

다이어그램의 기능과 목적은 전달에 있으며 이를 위하여 기호, 선, 점 등을 사용해 각종 사물과 현상의 상호관계나 과정, 구조 등을 이해시키는 시각 언어이다. 수목 기능다이어그램은 클라이언트에게 그 부지 내에 식재되는 수목들의 다양한 기능을 전달하기

---

2   Theodore D. Walker, 1991, 식재디자인(강호철 역), 도서출판 국제.

위해 만들어진다.

한편 식재의 기본패턴에는 단식(單植), 대식(對植), 열식(列植), 교호식재(交互植栽) 그리고 집단식재(集團植栽) 등이 있다. 단식은 현관 앞과 같은 가장 중요한 자리 혹은 광장의 중앙 등과 같은 포인트가 될 자리에 나무의 생김새가 우수하고 중량감이 있는 수목을 한 그루 식재하는 기법이다.

대식은 축의 좌우에 같은 모양이나 같은 수종의 나무를 두 그루를 한 짝으로 식재하는 방법을 말한다. 열식은 같은 모양, 같은 수종의 나무를 일정한 간격으로 직선상으로 길게 식재하는 방법으로 가로수를 심을 때의 방법이다. 교호식재는 같은 간격으로 수목이 서로 어긋나게 식재하는 것으로 열식의 변형이다. 집단식재는 군식(群植)을 말한다. 나무를 집단적으로 심어서 일정한 면적을 완전히 수목으로 덮어 버리는 수법으로 볼륨감을 필요로 할 때 쓴다.

옥상조경의 경우에는 식재 디자인과 병행하여 관수계획을 수립하는 것이 좋다. 왜냐하면 옥상조경의 선진국인 독일의 경우는 연중 비가 골고루 내려 특별하게 관수시설을 할 필요가 없지만 여름철에 강우가 집중되는 우리나라의 경우에는 반드시 관수계획을 수립하는 것이 좋다. 그렇지 않을 경우 힘들게 식재 디자인을 하여 심어놓은 수목들이 말라 죽는 경우가 많기 때문이다.

아울러 지형의 특성에 따라 식재패턴이 달라질 수 있음을 우리는 역사를 통하여 배웠다. 유럽의 세 나라 이탈리아, 프랑스 그리고 영국은 각각 그 나라의 지형특성을 잘 이용하여 정원을 만들고 그곳에 맞는 식재패턴을 개발했다. 각국의 정원 양식과 식재패턴을 서로 다른 나라에 이식하였다면 어색할 뿐더러 서로 맞지도 않았을 것이다.

한편 배식(配植)이란 각종 조경 식물 재료가 가지고 있는 고유의 아름다움, 형태에 따라 표현하고 디자인 원리에 따라 공간에 배치하는 기술을 말한다. 식재디자인은 대상 공간의 규모. 특성 혹은 현황에 따라 조경식물을 적절하게 계획, 설계하는 하나의 과정으로서 식물이 가지고 있는 물리적 요소인 형태·선·질감/색채와 함께 미적 요소인 통일·대비·축·질감·리듬·균형·균제·반복 그리고 점진 등을 복합적으로 고려하여 공간의 완성도를 높이는 과정이다. 이러한 식재디자인은 조경식물 소재의 생태적/

미적/기능적 특성에 대해 완벽하게 이해하는 것이 매우 중요하다. 아울러 대상공간의 기초적인 환경 분석 결과와 식재디자인이 잘 맞아야 대상지와 클리이언트가 만족하는 수목 디자인 도면을 완성할 수 있다.

　최근 식재디자인의 대가 피에트 우돌프(Piet Oudolf)의 하천의 식재디자인을 살펴보면 꽃과 색상보다 식물의 형태미에 집중하는 것을 볼 수 있다. 정원에 화려한 꽃을 심으면 비료 살포 등으로 수질오염을 걱정한다. 정원박람회에서 꽃을 많이 심지 않으면 비료의 양이 줄어 수질오염을 줄일 수 있다. 하천의 식재 디자인은 기본적으로 하천의 범람으로 침수되었을 때 물을 극복할 수 있는 식물 종을 선택해야 된다. 하천의 정원은 단기간 전시효과를 위한 것이 아니라 지속가능한 정원이어야 한다. 때문에 하천에는 육상과 동일한 식물 종으로 조성하면 지속가능할 수 없다. 그래야 그 안에 그 지역만의 고유한 경관이 자리 잡을 수 있다. 이것이야 말로 환경 친화적인 정원[3]으로 갈 수 있는 식재 디자인의 전환점이다.

3　환경 무시한 식재 디자인, 빈곤한 의미의 재생산만 가져올 뿐(2018.3.13.), https://www.latimes.kr 2024년 1월 29일 검색.

수목의 규격

034

근원직경 측정

흉고직경 측정

수목의 규격[1]

규격이라 함은 제품이나 재료의 품질, 모양, 크기, 성능 따위의 일정한 표준을 말한다. 조경업도 건설업의 한 종류이기 때문에 도면을 제작할 때 그 공간이나 기능에 맞는 수목을 선정하고 도면에 표시를 한다. 식재 도면을 바탕으로 공사를 할 때 그 규격에 맞는 수목을 찾아서 적절한 시공을 할 수가 있다. 조경가는 식물규격에 대한 이해가 있어야 하며 이는 정밀한 시공을 위하여 매우 중요하다. 식재 설계를 할 때에는 수목의 효과를 극대화하여 목표하는 모습의 풍경을 얻기 위하여 수목의 규격을 하나하나 도면에 기입한다. 실제 식재 공사를 위해 수목을 구입하거나 인수할 경우, 설계에서 정해 놓은 규격을 갖추고 있는지의 여부를 확인하기 위하여 수목의 규격[2]을 정하고 있다.

수목의 규격을 정할 때는 다음과 같은 방법에 따르며 측정기준과 용어의 정의는 다음과 같다.

❶ 측정 기준

수목 규격의 측정은 수목의 형상별로 구분하여 측정하며, 규격의 증감 한도는 설계상의 규격에 ±10% 이내로 한다.

❷ 수고(Height)

나무의 키를 말한다. 지표면(地表面)에서 나무줄기 끝까지의 길이, 즉 지표면에서 수관 정상까지의 수직거리를 말하며, 단위는 미터(m)이다. 수관 꼭대기에서 돌출된 웃자람가지는 제외한다. 관목의 경우 수고보다 수관 폭 또는 줄기의 길이가 더 클 때에는 그 크

1 강현경 외, 2013, 조경수목학, 향문사; https://www.housingnews.co.kr/news/articleView.html?idxno=20292
2 수목 관리 업무매뉴얼, https://www.gne.go.kr/upload_data/board_data/workroom/167296838793088.pdf 2024년 2월 9일 검색.

기를 나무 높이로 본다.

❸ 수관 폭(Width)

수관의 직경을 가리키는 말, 즉 줄기·가지·잎에 의해 형성된 수관직경의 최대너비를 수관 폭(width/spread)이라고 하며, 단위는 미터(m)이다. 수관 투영면 양단의 직선거리를 측정하는 것이다. 수관이 타원형인 수관은 최소 수관 폭과 최대 수관 폭을 합하여 평균을 낸다.

❹ 흉고직경(Breast)

조경 수목의 지표면에서 가슴높이 부위 줄기의 직경(diameter at breast height)을 말하며, 단위는 센티미터(cm)이다. 지면에서 가슴높이는 동양에서는 120cm, 서양에서는 130cm를 말하며 흉고직경을 측정하는 이유는 측정의 용이함 때문이다. 가슴높이 이하에서 곁가지가 없거나 적은 교목류의 규격측정에 많이 이용되고 있다. 한 그루에 두 갈래로 줄기가 갈라진 쌍간(雙幹)일 경우에는 각각의 흉고직경 합의 70% 당해 수목의 최대 흉고직경 중 최대치를 채택한다. 흉고직경(B)을 측정하는 나무는 다음과 같다.

가중나무, 갈참나무, 감나무, 개잎갈나무(히말라야시다), 메타세쿼이아, 양버즘나무(플라타너스).

❺ 근원직경(Root)

조경수목의 지상부와 지하부의 경계부 직경을 근원직경(root-collar calliper)이라고 하며, 단위는 센티미터(cm)이다. 일반적으로 근원직경은 지표면으로부터 30cm 이내의 줄기 지름을 말한다. 가슴높이 이하에서 여러 줄기가 발달하는 경우에는 교목류라 하더라도 흉고직경의 측정이 어려울 경우에는 교목류와, 소교목, 화목류는 근원직경을 규격 표시로 사용한다. 조경지표면 부위 수간의 직경 측정부위가 원형이 아닌 경우 최대치와 최소치를 합하여 평균한 치수를 사용한다. 근원직경(R)을 측정하는 나무는 다음과 같다.

겹벚나무, 곰솔, 공작단풍나무, 구실잣밤나무, 굴참나무, 귀룽나무, 꽃복숭아, 꽃사과, 낙우송, 노각나무, 느릅나무, 느티나무, 능소화, 다래, 덩굴대나무, 대왕참나무, 대추나무, 동백나무, 등나무, 떡갈나무, 때죽나무, 매화나무, 모감주나무, 모과나무, 목련, 목백합(튤립나무), 무궁화, 물푸레나무, 배롱나무, 백송, 보리수, 산단풍, 산사나무, 산수유, 살구나무, 상수리나무, 석류나무, 소나무, 쉬나무, 신갈나무, 아그배나무, 야광나무, 이팝나무, 일본목련, 자귀나무, 자엽자두, 졸참나무, 중국단풍, 쪽동백, 청단풍, 층층나무, 칠엽수, 팥배나무, 팽나무, 피나무, 홍단풍, 회화나무, 후박나무.

❻ 지하고(Branching Height)

지면으로부터 수관을 구성하는 가지 중 맨 아래쪽 가지까지의 수직높이를 지하고(Branching Height)라고 하며, 단위는 m이다. 지하고 규격표시는 통행이나 시선확보의 필요성이 요구되는 녹음수나 가로수 식재 설계 시 필요하다.

❼ 줄기의 수(Canes)

총생, 즉 여러 개의 잎이 짤막한 줄기에 무더기로 붙어나는 관목류는 근원부에서 여러 개의 줄기가 발달하며 수관을 구성한다. 이러한 경우 근원직경, 흉고직경은 측정이 불가능하나 수고와 함께 수관형성에 중요한 줄기의 수(canes)를 규격으로 사용한다.

수목의 분류

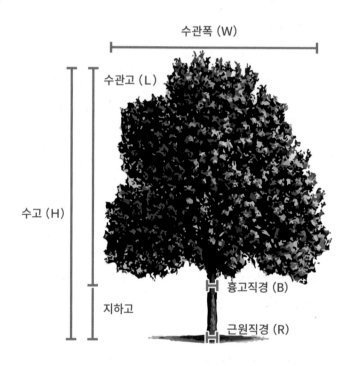

035

수관폭 (W)

수관고 (L)

수고 (H)

지하고

흉고직경 (B)

근원직경 (R)

수목의 분류

수목은 조경에 있어서 가장 근간을 이루며 도시의 풍경을 만드는 토대가 된다. 초보자들은 우선 나무의 형태적인 특성을 알아두는 것이 나무를 이해하는 가장 빠른 방법이다. 수목의 형태적인 특성에 따른 분류는 수목을 도시의 풍경을 만드는데 미적, 기능적 그리고 생태적 기능을 잘 이용하기 위한 편리한 분류 방법이다. 조경 수목을 나무 고유의 모양에 따라 분류하면 교목과 관목 그리고 덩굴성 수목으로 나눌 수 있다.

교목은 다년생(多年生) 목질인 곧은 줄기가 있고, 줄기와 가지의 구별이 명확하며 중심 줄기의 길이 생장, 즉 신장생장(伸長生長)이 현저한 키 큰 나무를 말한다. 교목도 생육환경에 따라 수형과 수고가 많은 차이를 보인다.

관목은 교목보다 수고가 낮고 곧은 뿌리가 없으며 여러 개의 줄기로 이루진다. 뿌리 부근으로부터 줄기가 여러 갈래로 나오거나 땅 속에서 줄기가 갈라지며 줄기와 가지의 구별이 뚜렷하지 않은 키 작은 나무를 가리킨다. 가지나 고추 그리고 국화처럼 열대 지방에서는 관목으로 성장하지만 추운 지방에서는 초본의 형태로 자라는 수종도 있다.

덩굴성 수목은 일명 만경목(蔓莖木)이라고도 하는데, 등나무나 담쟁이덩굴과 같이 스스로 서지 못하고 다른 물체를 감거나 달라붙어 개체를 지탱하는 수목을 말한다.

교목과 관목의 구별은 일반적으로 나무가 성숙했을 때 나무의 높이에 따라 구별한다. 수목의 높이가 8m 넘는 나무를 교목이라 하고, 그 이하로 자라는 나무를 관목이라 한다. 또한 교목이라도 2~8m 이하의 크기로 자라는 나무를 아교목이라 한다. 관목은 2~3m이하의 나무를 말하며 키가 1m 이하로 자라는 나무를 소관목이라고 한다. 이와 같은 나무 높이의 구별은 수목 생태를 연구하는 사람에 따라 약간씩의 차이를 보이고 있다.[1]

---

1 한국조경학회, 2008, 조경수목학, 문운당, p.13.

❶ 교목: 주목, 비자나무, 전나무, 소나무, 잣나무, 히말라야시다, 독일가문비나무, 낙우송, 삼나무, 편백, 은행나무, 능수버들, 느티나무, 자작나무, 플라타너스, 칠엽수 등

❷ 소교목: 가이즈카향나무, 측백나무, 반송, 동백나무, 단풍나무, 백목련, 자귀나무, 대추나무, 매실나무, 팥배나무, 마가목, 붉나무, 배롱나무, 산수유 등

❸ 관목: 개비자나무, 둥근측백, 개나리, 명자나무, 박태기나무, 불두화 등

❹ 소관목: 누운주목, 둥근향나무, 진달래, 철쭉류, 회양목, 모란, 골담초 등

❺ 덩굴성수목: 등나무, 능소화, 인동덩굴, 담쟁이덩굴, 포도나무, 머루, 송악, 오미자 등

수목은 잎의 모양에 따라 침엽수와 활엽수로 나뉜다. 침엽수란 독일어의 번역어로 은행나무와 소철 같은 나자식물류를 포함하며 흔히 코니퍼(conifer)로 불린다. 침엽수는 겉씨식물에 속하는 나무들로 일반적으로 잎이 좁으며, 활엽수는 속씨식물에 속하는 나무들로 잎이 넓은 것이 특징이다. 그러나 은행나무는 침엽수이면서도 잎이 넓고, 위성류(渭城柳, Chinese Tamarisk)는 잎이 향나무나 편백 및 화백 잎처럼 생겨 처음 보는 사람은 침엽수로 오인하기 쉬운 특이한 나무이다. 이 은행나무와 위성류는 이런 의미에서 서로 대조적인 나무이다. 이들을 조경 식재의 소재로 이용할 경우에는 잎의 모습대로 은행나무는 활엽수로, 위성류는 침엽수로 사용하는 것이 좋다.

조경수는 잎의 생김새나 잎이 붙은 모양에 따라 이용되므로 침엽수, 활엽수, 특수수종 및 대나무류로 분류된다. 다음은 잎의 형태에 따라 조경수를 분류한 것이다.

❶ 침엽수: 소나무, 해송, 전나무, 주목, 구상나무, 비자나무, 편백, 화백, 낙우송, 메타세쿼이아, 낙엽송, 삼나무, 금송, 측백나무, 가이즈, 카향나무, 연필향나무, 누운향나무 등

❷ 활엽수: 은백양, 능수버들, 자작나무, 서어나무, 신갈나무, 느티나무, 무화과나무, 계수나무, 으름덩굴, 남천, 백목련, 생강나무, 플라타너스, 왕벚나무, 가중나무, 이팝나무 등

❸ 특수수종: 소철, 종려나무, 워싱턴야자, 유카, 파초 등

❹ 대나무류: 맹종죽, 참대, 조릿대, 오죽 등

사철 푸른 잎으로 가지고 차폐나 방풍의 목적으로 쓰는 나무를 상록수라 한다. 가을에 잎이 한꺼번에 떨어지거나 잎의 구실을 할 수 없는 일부 오래된 잎이 붙어있는 나무를 낙엽수라 한다. 그러나 나무는 입지나 계절, 기후 등 여러 조건에 따라 같은 수종이 상록 혹은 낙엽이 되기도 하여 상록과 낙엽은 절대적인 분류의 기준이 되지 못하고 있다. 관습적으로 편하게 부르는 호칭이라고 생각하면 된다.

❶ **상록수**: 주목, 비자나무, 섬 잣나무, 백송, 리기다소나무, 호랑가시나무, 녹나무, 후박나무, 사철나무, 동백나무, 유도화, 노각나무, 식나무, 회양목 등
❷ **낙엽수**: 낙엽송, 낙우송, 메타세쿼이아, 상수리나무, 느릅나무, 모란, 함박꽃나무, 나무수국, 모과나무, 장미, 박태기나무, 층층나무, 배롱나무 등

수목일기

　　카이스트 산업디자인학과 배상민 교수의 특강을 보고 있으면 학생들에게 늘 강조하는 것이 디자인 저널이다. 저널(journal)은 일지(日誌)라는 뜻으로 디자인과 관련된 일기를 쓰라는 것이다. 디자인 일기는 디자인을 배우고 공부하는 학생이 디자인과 관련된 고민과 느낌과 깨달음을 매일 기록하는 일지다. 배교수는 이 저널 쓰기가 후에 실무에서 클라이언트가 어떤 문제 해결을 부탁할 때 즉석에서 바로 답을 줄 수 있는 아이디어의 보물 창고 같은 것이라고 했다.

　　필자도 예전 환경대학 시절부터 학생들에게 대학 캠퍼스의 나무를 주제로 수목일기를 써서 내는 과제를 내기도 했다. 대부분의 학생이 일기를 쓰지 않고 수목도감을 만들어 제출할 때 조금 실망하고 놀란 기억이 있다. 아시다시피 도감이란 동물이나 식물 등 여러 가지 생물 및 무생물의 사진이나 그림을 모아서 실물 대신 볼 수 있도록 만든 책을 말한다. 학생들의 일기가 이런 도감과 같은 형식어서 놀라웠다. 한편 일기란 개인이 일상에서 체험하는 경험, 생각, 감상 등의 제반사항을 하루 단위로 기록하는 비공식적, 사적 기록을 말한다. 도감과 일기는 다르다. 학생들이 나무관련 도감을 보고 일기를 쓴 것이다.

　　평소 개인 일기도 쓰지 않는 학생들에게 수목일기를 쓰라고 한 것은 그들에게 무척 힘든 과제였다고 생각된다. 내가 주문한 수목일기는 도감에 나오는 수목의 생물적 혹은 생태적 특성보다도 나무와 관련된 개인의 에피소드, 즉 어떤 나무와 학생과의 특별한 경험이나 생각 혹은 감상을 써보라는 것이었다.

　　그러나 몇몇 학생은 아주 훌륭한 수목일기를 멋진 그림과 함께 제출해서 기분이 좋았던 기억이 있다. 그 다음 학기부터 학생들에게 이 학생들의 일기를 참고해서 쓰라고 공유했으며, 나무와 관련된 시나 소설이나 에세이의 일부분을 잘 활용하면 좋을 것이라는 제안을 했다. 그렇게 나무와 친해져야지 예전 내가 수목을 공부할 때처럼 라틴어로 된 수목의 학명을 먼저 외우게 해서 나무에 대한 관심을 잃어버리게 만드는 것은 조경학과 학생들에게 수목을 공부하는 방법으로는 적절하지 못했다. 조경을 공부하거나 관심이 있는 사람들은 무엇보다도 나무의 이름과 친해져야 한다.

나무와 친해지기 위해 가장 좋은 방법을 나무를 매일 만나고 그 느낌을 글로 기록해서 남기는 것이라고 생각한다. 학생들에게 나무와 관련된 시도 읽어보고 소설도 많이 읽어 보라고 했으나 그것은 요즘처럼 책이나 글을 읽지 않는 학생들에게는 무리한 부탁일 수도 있겠다는 생각을 했다. 그러나 평소 친분이 있는 음악대학 H교수의 페이스북에 쓴 다음의 글은 나의 정신을 번쩍 들게 했다.

"그동안/ 난 그 냄새가/ 너무 궁금했었는데/ 플라타너스 냄새라는 걸 오늘 알았다/ 향수냄새와/ 선크림 냄새와/ 니스 바닷가 냄새와/ 도치아 스끼우마[1] 냄새와/ 레스토랑의 음식 냄새 등과 뒤섞여/ 숙소로 돌아오는 길에 항상 마주치던/ 나의 기억 속에 강하게 남아버린 그 냄새를/ 오늘 비 내린 거리를 걷다가 갑자기 알게 되었다."[2]

H교수는 그의 오감 중에서 후각을 통해서 그의 기억 속에 남았던 나무의 냄새가 플라타너스였음을 알았다고 했다. 이런 경우 우리가 플라타너스라는 나무를 잊을 수가 있을까? 이런 기억들을 조경을 공부하는 학생들이 많이 가지고 그것을 기록한 일기를 많이 가지고 있다면 그 기록이야 말로 그 학생에게는 평생의 보물이 아닐까 생각해본다. 그리고 언젠간 우리 학생들도 H교수처럼 감성 가득한 이야기가 있는 수목일기를 쓸 날이 올 것으로 믿는다.

어떻게 하면 학생들이 수목과 친해질까를 고민하다가 몇 년 전부터 나의 강의시간에 학생들에게 과제로 제출하게 한 것이 수목일기다. 그들의 일기를 보면서 여러분들도 멋진 수목일기 오늘부터 써보길 바란다. 수목일기의 몇 부분을 소개한다.

---

1 Doccia Schiuma, 이태리 목욕용 샤워 젤을 말하는 것 같다.
2 음악대학 H교수의 페이스 북에서

❶ 벚꽃(*Prunus serrulata var. spontanea* (*Maxim.*) E. H. Wilson)

"벚꽃을 보고 봄이 왔다는 계절감을 느꼈고 「버스커 버스커의 '벚꽃엔딩」이라는 노래가 떠오른다. 그리고 왕벚나무의 원산지는 일본이 아닌 한국의 제주도라는 사실을 알게 되었다."

❷ 목련(*Magnolia kobus A. P. DC.*)

"1년 전, 만우절(4월 1일)에 학교로 교복을 입고 와서 목련나무 앞에서 플로라이드 사진을 찍었던 기억이 난다. 봄에만 잠깐 피고 지는 백목련 꽃이 아쉬웠다."

❸ 산딸나무(*Cornus kousa F. Buerger ex Miquel*)

"도서관 근처를 지나면서 산딸나무를 보고 꽃이 하얗고 매끈해서 만져보고 싶었다. 그리고 열매를 찾아보니, 환 공포증을 불러일으킬 만큼 어지럽게 생겼다."

❹ 모과나무(*Cydonia sinensis THOUIN*)

"1년 전, 야외수업을 통해 학교에 모과나무가 있다는 것을 알게 되었다. 그 후로 모과나무를 관찰하였고 모과의 향이 좋아서 아버지 자동차의 방향제로 사용했었다."

❺ 섬잣나무(*Pinus parviflora S. et Z.*)

"섬잣나무의 꽃이 다른 꽃보다 예쁘고 홍자색이어서 눈에 잘 띈다. 화장품으로 이런 색상이 나왔으면 좋겠다."

❻ 백합나무(*Liriodendron tulipifera L.*)

"목백합나무, 튤립나무, 백합나무는 모두 같은 나무를 가리키는 말이었는데, 백합나무라고 통합해서 부른다고 한다. 수업을 통해 백합나무에 대해 관심을 갖게 되었고 직접 찾아보았다. 백합나무를 보면 당시 녀석을 찾아다니던 기억이 생각난다."

❼ 박태기나무(*Cercis chinensis Bunge*)

"공원답사를 하면서 알게 된 수목이었다. 잎의 모양이 하트모양이라서 '사랑해요 박태기'라고 외웠다. 처음에는 수목 공부에 대해 막막했지만, '관심'을 가지면서 안 보이던 특징들도 보이고 수목공부에 대한 즐거움이 생겼다."

❽ 단풍나무(*Acer palmatum Thunb.*)

"푸른 잎들 사이로 빨갛게 물든 단풍잎은 공간을 더욱 풍성하고 아름답게 보이게 하는 것 같다. 헬리콥터의 프로펠러가 이 단풍나무의 열매를 본 뜬 것이라고 한다. 이 점에서 수목의 가치는 무궁무진하다고 생각한다."

❾ 중국단풍(*Acer buergerianum MIQ.*)

"수피가 벗겨지는 지저분한 나무가 중국단풍이라고 알고 있었다. 잎은 중국단
풍인데 수피가 너무 단정해서 다른 나무가 아닌가 혼동을 했었다. 수목의 특징
을 한 가지만 보지 않고 다양하게 보도록 해야겠다."

❿ 화살나무(*Euonymus alatus (Thunb.) Siebold*)

"처음 화살나무를 보고 진짜 가지들이 화살모양처럼 자라있어서 놀라웠다. 가
을에 단풍이 진 빨간 잎을 보고 매력이 강한 나무라고 생각했다."

조경을 위한

용어 에세이

호랑가시나무

037

호랑가시나무(Ilex cornuta Lindl. & Paxton)

호랑가시나무는 수관이 둥글고 높이보다 옆으로 더 크게 퍼지는 수형을 하고 있어 공원, 정원 등의 잔디밭에 심지만 잎에 날카로운 가시가 있어서 어린이 공원에는 식재를 하지 않는 것이 좋다. 가지와 잎이 빽빽하기 때문에 산울타리 용도로 많이 사용되며, 은폐의 목적 외에 작은 동물의 침입방지용으로 사용된다. 호랑가시나무의 빨간 열매를 감상하기 위해 사람이 다니는 통로는 피하는 것이 좋고 정원의 첨경용으로 식재하는 것은 좋다. 암수 다른 나무이며 열매는 암나무 열매보다 수나무 열매가 더 아름답다.

감탕나무과에 속하는 상록활엽관목인 호랑가시나무(Ilex cornuta Lindl. & Paxton)는 '호랑이'와 '가시'의 합성어이며 잎이 호랑이 발톱을 닮았다. 이 나무의 한자이름인 노호자(老虎刺)도 호랑이가시라는 뜻이고 또 다른 한자어인 묘아자(猫兒刺)는 고양이 발톱이라는 뜻으로 둘 다 날카로운 발톱을 가지고 있다는 뜻의 나무이름이다.

영국의 식물학자 린들리(John Lindley, 1799-1865)가 붙인 학명 중 속명 일렉스(Ilex)는 감탕나무속인 것을 나타내며, 종명 코르누타(cornuta)는 뿔을 의미하는 라틴어로 잎 가장자리의 가시를 뜻한다. 우리나라 남부지방에서 자생하는 호랑가시나무는 특히 유럽 사람들이 좋아하는 나무다. 유럽에서는 기독교가 들어오기 이전에도 게르만족이나 켈트족이 호랑가시나무를 태양의 축복을 받은 나무로 신성시하여, 이 나뭇가지로 집안을 장식하면 신이 집을 보호해준다고 믿었다. 이처럼 유럽에서는 호랑가시나무가 액운을 쫓아내는 신성한 기운을 가진 나무로 여겼다. 이러한 이도교의 관습과 문화는 기독교가 들어온 뒤에 거의 사라질 위기에 처했으나 교회에서 7세기 때부터 호랑가시나무를 사용하는 관습을 허용했다. 영국에서는 어린 아이가 공부를 하지 않고 게으름을 피우면 호랑가시나무의 가지로 만든 매로 훈계했다고 한다.

유럽에서는 호랑가시나무와 로빈이라는 작은 새에 관한 이야기가 전해져 온다. 호랑가시나무로 만든 가시관을 쓴 예수가 십자가를 지고 골고다 언덕을 오를 때, 이마에 파고드는 날카로운 가시에 찔려 피를 흘리고 고난을 받자 날아가던 새가 몸을 던져 예수의 고통을 덜어주었다고 한다. 그 새가 '로빈'이라는 지바귀과의 티티새였는데 로빈이 부리로 가시를 파내는 과정에 자신도 가시에 찔려 결국 붉은 피를 흘리고 온 몸이 피로 물들어 죽었다고 한다. 서양인들은 이로부터 예수와 고통을 함께 했던 작은 새 로빈이 좋아하는 나무를 귀하게 여기게 된다. 로빈이 좋아하는 호랑가시나무의 열매는 함부로 따지 못하게 했으며, 열매를 함부로 따게 되면 그 집안에 재앙이 찾아오며 땅에 떨어진 이 나무의 열매를 밟기만 해도 불운이 온다고 믿었다. 호랑가시나무의 오각형 잎의 가시는 예수의 가시관을, 나무의 붉은 열매는 예수의 핏방울을 상징했다. 그런 까닭으로 예수가 탄생한 날을 기념하는 크리스마스에는 호랑가시나무로 장식하게 된다. 호랑가시나무가 크리스마스트리에 본격적으로 사용된 시기는 19세기 이후부터라고 한다. 호랑가시나무의 꽃말은 '가정의 행복과 평화'라고 한다. 호랑가시나무가 우리 삶에 액운을 물리치고, 행복과 평화를 가져오는 신성하고 축복받은 나무라는 의미다.

조경을 위한

용어 에세이

이팝나무

038

이팝나무(*Chionanthus retusus Lindl. & Paxton*)

　　대구시 달성군 옥포면 교항리에 이팝나무 군락지가 있는데 SNS와 인터넷을 통해 많이 알려져서 새로운 관광지로 떠오르고 있다고 한다. 이곳 이팝나무 군락지 (15,510㎡)는 희귀식물자생지로 달성군이 1991년부터 산림유전자원보호구역으로 지정하여 관리하고 있다. 이 지역은 수령 300년 이상 이팝나무 33그루를 포함해 약 500그루가 자생하고 있다. 최근에는 대구시와 광주시가 맺은 '달빛동맹'을 기념해 두 도시에 기념 숲을 조성하고 그 숲에 이팝나무 등을 심기로 했다고 한다. 일본에서는 이팝나무의 잎으로 차를 만들어 먹었기 때문에 차엽수(茶葉樹)라고 부른다. 계명대학교는 모든 구성원들이 이팝나무 꽃처럼 아름답고 풍요롭고 깨끗하기를 소망하여 이팝나무 꽃을 교화로 지정했다.

　　우리나라 자생인 이팝나무의 '팝'은 꽃이 팝콘처럼 피었을 때 붙이는 이름이다. 이팝나무의 '이팝'에는 두 가지 설이 있다. 꽃이 활짝 피었을 때 흰 꽃이 마치 쌀밥 같아서 쌀밥이라는 뜻의 이밥나무라고 부르다가 이팝나무로 변했다는 이야기가 첫 번째 설이다. 24절기 중 입하(立夏) 때 꽃이 피기 때문에 입하나무라고 부르던 것이 이팝나무가 되었다는 설도 있다. 영국의 식물학자 린들리(John Lindley, 1799-1865)와 팩스턴(Joseph Paxton, 1801-1865)이 함께 붙인 학명인 키오난투스(*Chionanthus*)는 고대 그리스어 눈이라는 뜻의 키온(chion)이라는 말이다. 꽃이라는 안투스(*anthos*), 즉 눈처럼 하얀 풍요로운 꽃이라는 말이다.

　　'영원한 사랑'이란 꽃말을 지닌 이팝나무는 물푸레나뭇과의 낙엽활엽교목으로 5~6월에 꽃을 피우고 키는 20미터도 더 넘게 자란다. 우리나라에서는 경북과 전북의 남쪽 지방에서 수로 자라고 일본이나 타이완에서도 볼 수 있는 세계적 희귀식물이다. 우리나라에서 천연기념물로 지정된 이팝나무는 일곱 그루로 소나무, 은행나무, 느티나무,

향나무에 이어 다섯 번째로 많다. 시·도 기념물과 보호수로 지정된 이팝나무는 그 수가 헤아릴 수 없을 정도로 많아 예전부터 우리의 생활 속에 깊이 파고든 나무다. 따뜻한 곳을 좋아하는 이팝나무는 최근 들어 지구온난화로 인해 우리나라의 기온이 전체적으로 따뜻해져 중부지방에서도 잘 키울 수 있게 되었다. 최근 전국의 많은 도시에서 이팝나무는 가로수로 매우 인기가 있는 나무가 되었다.

영어권에서는 이팝나무를 '프린지 트리(Fringe Tree)', 즉 '하얀 솔'이라고 부른다. 하얀 솔 모양의 꽃이 온 나무를 뒤덮고 있는 나무라는 뜻이다. 학명 중 종소명인 레투수스(retusus)의 레투사(retusa)는 '조금 오목한 상태'를 말하는데 잎의 끝이 약간 오목해서 붙여진 이름이다. 중국 이름 流苏树(류수슈 liu su shu)는 流蘇(유소)가 당나라시대에 수레와 말·가마·장막·비단 깃발 따위의 위에 장식용으로 매달아 늘어뜨리는 기술을 의미하는데 이 유소를 닮은 나무라는 뜻으로 화관이 길게 늘어지는 모습에서 유래한 것이라는 주장이 있다. 일본 이름 히토시바타고(ヒトツバタゴ: 一葉タゴ)는 단엽을 가진 타고(タゴ)라는 뜻인데 타고(タゴ)는 토네리코(トネリコ: 물푸레나무)의 다른 이름으로 물푸레나무가 복엽을 가지는 데 비하여 단엽이라는 뜻에서 붙여진 이름이라고 한다.

자작나무

자작나무(*Betula platyphylla*)

　　자작나무의 학명 중 속명 베툴라(*Betula*)는 Birch(자작나무)의 라틴 이름으로 '글을 쓰는 나무껍질'이라는 뜻으로 켈트어의 betu(나무)에서 유래된 것이다. 이 나무의 속명 베툴라에서 유래한 '비투멘(bitumen)'은 여러 탄화수소의 명칭을 말한다. 자작나무는 현재 프랑스 지역인 갈리아인의 나무였다. 갈리아 사람들은 이 나무를 끓여서 비투멘을 추출해냈다. 더욱이 갈리아사람들은 이 나무를 길조의 나무로 생각했다. 로마인들이 사바니 여자들을 유괴할 때 이 나무로 불을 밝혔기 때문이다. 로마 건국설화에 따르면, 로마 건국 후 여자가 없어서 인근 사바니 지역의 남녀들을 부르기 위해 축제를 열고, 로마인들은 남자들이 축제를 보고 있는 동안 자작나무로 불을 밝혀 부녀자를 유괴했다고 한다.

　　자작나무의 학명은 특히 잎을 강조하는데 종명 *platyphylla*는 phyllon(잎)의 합성어로 '넓은 잎'을 뜻한다. 그러나 자작나무의 잎은 실제 그리 넓지 않으며 오히려 사시나무의 잎과 유사하다. 자작나무의 잎 모양은 거의 삼각형이며 잎맥은 6~8쌍이다.

　　필자가 건축심의를 가보면 건축가나 조경전문가들이 하얀 수피 때문에 아파트나 일반 주택 조경설계 시 가장 선호하는 나무가 자작나무인데 사실 대구와 같이 기온이 높은 대도시의 아파트나 건물에서는 자작나무가 제대로 잘 자랄 수가 없다. 예전 살던 아파트에도 자작나무를 몇 그루 보았는데 대구의 더운 기후에 잘 적응하지 못해서 수피가 검게 변하고 있었다. 자작나무는 수피로 아주 유명한데 하얗고 윤이 나며 종이처럼 얇게 벗겨진다. 예전엔 이 자작나무 껍질에 불을 붙여 사용했으며 결혼식을 올리는 것을 화촉(華燭)을 밝힌다고 하는데, 그 화촉이 바로 자작나무 껍질이다. 이런 특징을 지닌 자작나무는 만주에서 시베리아, 남러시아에 이르기까지 중요한 나무이다. 중앙아시아 및 북아시아에서 알타이 굿을 할 때 샤먼은 자작나무와 말을 이용하여 제례를 치른다. 말의 등 위에서 자작나무 가지를 흔들며 말을 죽인 뒤 자작나무 가지를 불 속에 던진다. 몽골의 부리야트족은 자작나무가 천상계의 문을 열어 주는 문의 수호자로 생각했다. 만주족의 창세신화에도 마찬가지다. 그들은 자작나무로 별을 담는 주머니를 만들었다. 자작나무는 켈트족의 달력인 '나무들의 알파벳' 중 양력 첫 번째 달, 즉 12월 24일부터 1월 21일까지 놓여 있다. 자작나무를 이 시기에 놓은 것은 이 나무가 태양의 재생을 의미하기 때문이다. 자작나무는 빛의 재생을 기념하는 축제인 성촉절(聖燭節)에 불과 식물의 재생을 주관하는 켈트족의 고대 신인 성녀 브리지트에게 바쳐진다. 자작나무에 얽힌 얘기도 적지 않은데, 특히 이 나무의 탄생설화가 유명하다. 몽골의 영웅이자 세계 역사를 바꿔 놓은 칭기즈칸이 유럽을 침략하던 시절, 왕위계승에 불만을 품은 한 왕자가 칭기즈칸 군대의 우수함을 과대 선전해서 유럽 군대가 싸우지도 않고 도망가게 했다. 이 사실을 안 유럽의 왕들이 이 왕자를 잡으려 했으나, 그는 깊은 산 속으로 도망갔다. 그러나 더 이상 숨을 곳이 없어 구덩이를 파고 흰 명주실로 동여매고 그 속에 몸을 던져 죽었다. 흰 비단을 겹겹이 둘러싼 듯, 하얀 껍질을 아무리 벗겨도 흰 껍질이 계속 나오는 자작나무가 바로 이곳에서 자란 나무라고 한다.

강원도 이북의 지역에서는 땔감으로 쓰일 정도로 흔한 자작나무는 남한에서는 강원도 지역 일부에서만 볼 수 있는 귀한 수종이다. 강원도 인제군 원대리에 있는 자작나무 숲은 이전에는 소나무들이 자생하던 천연림이었다. 소나무 재선충이 발생하면서 소나무를 모두 베어낸 곳에 1990년대 초반부터 자작나무를 심었다. 그 나무들이 잘 자라 현재는 수령이 20년이 훌쩍 넘는 수천 그루의 자작나무가 군락을 이루어 지금은 매년 수십만 명의 방문객이 찾는 관광 명소가 됐다.

자작나무 목재는 박달나무와 마찬가지로 아주 단단하고 치밀하고 결이 고와서 가구도 만들고 조각도 한다. 자작나무는 벌레도 잘 먹지 않아서 오래가 껍질에 그림을 그리고 글씨도 썼다. 경주 천마총에서 출토된 말안장에 천마도가 그려진 채화판이 바로 자작나무 껍질로 만들어졌다. 채화판은 자작나무껍질을 여러 겹 겹치고 맨 위에 고운 껍질로 누빈 후, 가장자리에 가죽을 대어 만든 것이다. 해인사 팔만대장경 경판의 일부도 자작나무가 재료이다. 자작나무는 다른 나무보다 큐틴이라는 방부제를 많이 함유하고 있어 잘 썩지 않고 곰팡이도 잘 피지 않는 특징이 있다. 따라서 합판, 가구, 내장용재, 조각품 등 다양한 용도로 사용된다. 뿐만 아니라 자작나무 목재에는 다당체인 자일란이 함유되어 있기 때문에 핀란드에서는 자작나무 속의 자일란을 자일로스로 변환시켜 추출한 뒤 정제 및 환원 과정을 거쳐 자일리톨을 만들기도 한다. 자일리톨을 자작나무 설탕이라고도 부르는 것도 바로 이 때문이다.

> 산골 집은 대들보도 기둥도 문살도 자작나무다/ 밤이면 캥캥 여우가 우는 산도 자작나무다/ 그 맛있는 메밀국수를 삶는 장작도 자작나무다/ 그리고 감로같이 단샘이 솟는 박우물도 자작나무다/ 산 너머는 평안도 땅도 뵈인다는 이 산골은 온통 자작나무다 ― 백석, <白樺>, 『조광』 4권 3호, 1938.3

'백화(白樺)'는 평안북도 정주가 고향인 시인 백석이 1930년대에 함경도를 여행하며 본 풍경을 그린 시다. 백화는 하얀 나무라는 뜻으로 자작나무를 의미하는데 시에서는 특별히 계절에 대한 언급이 없음에도 불구하고 하얀 눈이 소복이 쌓인 시골의 풍경이 상상된다.

메타세쿼이아

040

메타세쿼이아 (Metasequoia glyptostroboides Hu & W,C.heng)

조경기사 시험문제에 종종 메타세쿼이아와 떨어질 낙(落), 깃털 우(羽), 소나무 송(松) 낙우송(落羽松)의 차이점이 무엇인지에 대해 출제가 된다. 두 나무는 잎이 나오는 모양에서 차이가 나는데 낙우송은 잎이 어긋나고 메타세쿼이아는 잎이 마주난다. 무엇보다도 물가를 좋아하는 낙우송은 뿌리 주변에 울퉁불퉁 숨을 쉬기 위해 튀어나온 기근이 많이 있어 쉽게 구분할 수 있다. 이 기근은 메타세쿼이아에게는 볼 수 없는 특징이다. 우리학생들이 등하교 길에 메타세쿼이아를 매일 만나서인지 '친한 친구' 같다고 수목일기에서 표현하는 학생들이 많다. 사람처럼 나무도 친해지려면 매일 자주 만나야 한다.

필자가 근무하는 계명대학교 성서캠퍼스의 최고의 명소는 단연 동문에서 우측으로 행소박물관 옆의 도로를 따라 공과대학으로 연결되는 메타세쿼이아 길이다. 메타세쿼이아(Metasequoia)는 중국 원산으로 삼나무과(낙우송과)의 침엽수이며 귀화식물이다. 귀화식물은 국외 식물이 인위적 또는 자연적으로 국내로 들어와 도태되지 않고 자력으로 여러 세대를 거쳐 토착화하여 살아가는 식물로 외래식물과는 차이가 있다. 외래식물은 곡식이나 채소처럼 외국으로부터 합법적으로 들여와서 지속적인 관리를 하여 주는 식물이다. 귀화식물은 외래품종으로 사람의 도움이 없어도 자연환경에 스스로 적응하여 자라고 있는 식물을 말한다.

메타세쿼이아는 낙엽교목[1]이며 3월에 황갈색의 꽃이 피고 11월에 열매가 성숙한다. 메타세쿼이아는 은행나무, 소철과 더불어 살아있는 식물화석으로 잘 알려진 식물이다. 오랜 세월을 거쳐 오면서 환경에 적응하여 형태적으로 진화한 것과는 달리 원래 그대로의 형태가 고스란히 남아있어 살아있는 식물화석이라고 한다.

---

1   교재의 수목의 분류 참고.

메타세쿼이아는 중국 원산으로 호수나 강가에 심어 기르는 낙엽 교목이며 물을 매우 좋아하는 나무다. 그래서 이 나무의 한자이름은 수삼(水杉)이다 나무의 높이는 5~50m 에 이르고 최고 61m까지도 자라며 가지는 옆으로 퍼진다. 수피는 적갈색이나 오래된 것은 회갈색이고 세로로 얕게 갈라져 벗겨진다. 메타세쿼이아는 사람들이 참 좋아하는 수형인 아이스크림 콘 모양인 원뿔 모양을 하고 있으며 나무의 수고가 커서 참 우아한 자태를 가지고 있다. 그래서 메타세쿼이아는 가로를 따라 한 줄로 죽 늘어서게 심으면 봄에는 잎의 색이 초록, 가을에는 약간 노란색으로 또 갈색으로 바뀌면서 매우 낭만적인 장면을 연출한다. 이 특별한 나무는 세계 각지에서 공원수, 가로수로 식재되며 우리나라에서도 담양의 메타세쿼이아 가로수 길을 포함하여 많은 사람들에게도 사랑받는 나무다.

이 나무는 원래 사라진 나무로 알려져 화석에서나 볼 수 있었던 나무로 여겨졌다. 멸종되었던 것으로 알려졌던 이 나무가 1944년 중국 사천성 산간지방에서 어느 임업공무원이 이 나무의 이름을 알아보려고 채집하여 남경대학에 보내면서 주목을 받기 시작하였다. 이렇게 우연히 발견된 이후 1946년에 이르러 메타세쿼이아의 학명(*Metasequoia glyptostroboides Hu & W.C.heng*)을 붙인 사람은 중국 식물분류학의 창시자 중 한 명인 후센슈(Hu, Hsen Hsu)와 20세기 최고의 중국식물학자인 쳉완춘(Cheng, Wan-chun)이었다. 속명인 메타세쿼이아의 메타(Meta)는 '이후에, 뒤에, 넘어서' 등을 뜻하는 영어의 'post'에 해당되는 라틴어다. 메타세쿼이아는 그래서 아메리카 원주민 체로키 부족출신의 언어학자 '세쿼이아'의 이름을 딴 미국이 원산지인 나무 세쿼이아 이후에 나타난 나무라는 뜻이다. 메타세쿼이아의 종명 클립토스트로보이데스(*glyptostroboides*)는 중국삼나무(글립토스트로부스, *Glyptostroboides*)를 닮아 이름을 그렇게 붙였다고 한다.

조경을 위한

용어 에세이

일본칠엽수

041

일본칠엽수(*Aesculus turbinata BLUME.*)

네덜란드-독일의 식물학자 불루메(Carl Ludwig Blume)가 일본칠엽수에 붙인 학명 (*Aesculus turbinata BLUME.*) '아이스쿨루스(Aesculus)'는 '먹다'라는 뜻의 라틴어 '아이스카레(Aescare)'에서 유래했다. 가을이면 밤보다 더 큰 열매가 달리는데 껍질 안에 밤보다 더 윤기 나고 통통한 흑갈색 밤톨이 한두 개 들어 있는데 타닌 성분과 마취 성분이 있어 함부로 먹으면 안 된다고 한다. 영어명칭은 Japanese horse chestnut(일본 말 밤나무)이고, 속명인 '투르비나타(turbinata)'는 꽃모양이 '원뿔'이라는 뜻이다. 5-6월쯤에 피는 꽃은 높은 곳에 달려 쉽게 볼 수는 없지만 꽃대 하나에 수백 개의 작은 꽃이 모여 커다란 고깔(원뿔) 모양을 이루고 있다. 나무의 줄기는 높이 30m에 이르며 잎은 어긋나며, 작은 잎 5-8장으로 된 손바닥 모양 겹잎이다.

2002년 준공된 우리 대학 오산관(悟山館) 주위에는 일본칠엽수를 심었다. 이 건물에서 공부하는 학생들이 나무의 꽃말처럼 '낭만과 정열'을 가지고 공부에 매진하여 큰 깨달음을 얻은 후 사회로 진출해주기를 바라는 스승의 마음으로 심었을 것이다. 오산관의 '오산'은 우리 계명대학교 법인 이사와 이사장으로 18년간 봉사하고 성서캠퍼스 조성을 주관한 故 김상렬 박사의 아호다.

우리나라에서 가장 오래된 마로니에(*Aesculus hippocastanum*)는 고종이 1913년 네덜란드 공사로부터 선물 받은 것으로 덕수궁 석조전과 돌담 사이에 거목으로 두 그루가 남아 있다. 이성복 시인은 마로니에 꽃모양을 꽃등에 비유했다.

> 센 강변의 배들, 물에 비친 배 그림자 순간마다 달라지고
> 웬 마로니에는 그렇게 많은 꽃(燈)을 세우는지,
> 그 꽃능 뒤에 무엇이 무엇이 숨었는지 보고 싶지만
> (중략)

꿈은 서럽고 삶은 폭력적이다.

― 이성복시집 <호랑가시나무의 기억>, 높은 나무 흰 꽃들은 燈을 세우고10 중 일부.

칠엽수는 우리나라에서 가끔 마로니에라고 불리지만 우리나라 대부분의 마로니에는 사실 일본칠엽수다. 계명대학교 오산관의 일본칠엽수는 일본이 원산지로 세계 3대 가로수로 우리나라 중부 이남에서 심어 기르는 낙엽교목이다. 1975년 서울대학교 문리대와 법대가 관악캠퍼스로 옮긴 뒤 그 자리를 공원으로 조성한 대학로 마로니에 공원의 마로니에는 서울대학교의 전신인 경성제국대학 시절에 심은 것으로 일본칠엽수다. 대구같이 여름이 특별히 뜨거운 도시의 일본칠엽수의 커다란 잎이 만드는 그늘은 더위를 피하기에 아주 안성맞춤인 나무다. 그리고 가을이 오면 잎이 황색으로 변해 우리의 눈을 기쁘게 하며 감성을 자극한다. 일제 강점기에 들어온 일본칠엽수를 우리는 줄곧 마로니에라고 여기며 살아왔다. 아마 이 나무를 보며 공부하던 학생들이 파리의 몽마르트를 떠올리고 <자드부팡의 마로니에>를 상상하면서 세잔느를 만나러 나도 언젠가는 파리로 가리라 다짐했을 수도 있다. 그렇게 일본칠엽수는 우리에게 환상을 주었다.

동백나무

042

동백나무(*Camellia japonica L.*)

《동백꽃 필 무렵》은 2019년 9월 18일부터 2019년 11월 21일까지 방송된 KBS 2TV 수목 드라마다. 이 드라마는 세상의 편견 때문에 자신의 소중함을 폄하하며 근근이 버텨내며 살아가던 술집 주인이며 미혼모인 '오동백'과 그를 사모하는 돈키호테 같은 경찰 '황용식'의 '로맨스 스릴러'다. 이 드라마를 처음부터 끝까지 재미있게 보았던 필자는 처음부터 '동백'이라는 주인공 이름에 관심이 갔다. 아울러 주인공 동백이 운영한 술집 '까멜리아'는 동백의 다른 이름이다. 드라마 〈동백꽃 필 무렵〉을 보다가 집사람에게 동백과 샤넬의 이야기를 듣고서 꽃이 식물로서의 가치만 있는 것이 아니라 문화적 가치도 무궁무진하게 창출할 수 있다는 것을 알았다.

파리 패션의 전설이 된 고아원 출신 코코 샤넬(Coco Chanel)은 그녀의 이름으로 내 놓은 모든 복장의 상의 안쪽에는 코코 샤넬의 마스코트인 순백색의 동백꽃 브로치가 부착되어 있다. 샤넬의 카멜리아는 순수한 흰색에서 자아내는 우아한 품격, 삶과 사랑에 열정적이고 당당한 현대 여성의 향기를 풍겨 샤넬 브랜드의 상징이 되었다. 나무를 공부하는 것은 나무의 식물학적·생태적인 특징만이 아니라 그 나무와 연관된 문화적 가치와 관련된 이야기도 함께 이해하는 것도 조경학을 공부하는 학생들에게 꼭 필요하다고 생각한다.

필자 세대에게 동백은 국민가수 이미자의 〈동백아가씨〉라는 노래 덕분에 그 이름이 낯설지 않다. 식물백과에 따르면 동백은 겨울 동(冬), 측백나무 백(柏)을 써 '冬柏'이라 표기하고, 꽃이 겨울에 핀다 하여 동백(冬柏)이란 이름이 붙었다. 그래서인지 2015년 농촌진흥청은 엄동설한에 꽃을 피워내는 동백을 1월의 꽃으로 선정했다. 중국에서는 동백을 해홍화(海紅花)라고 부르며 동백이란 말은 우리나라에서만 사용한다. 동백의 꽃말은 붉은 동백과 하얀 동백이 조금 다르다. 붉은 동백은 '기다림'과 '애타는 사랑'이고, '누구

보다 그대를 사랑해'는 하얀 동백의 꽃말이다.

동백은 한국, 중국, 인도차이나반도, 일본 등 아시아지역에 200여 종이 서식한다고 한다. 한국에서는 주로 바닷가에 많이 볼 수 있는 나무다. 동백꽃의 꽃봉오리를 말려서 차를 다려먹기도 하는 등 약재로도 사용하기 때문에 산다화(山茶花)라고도 한다. 동백나무는 분류학적으로 속씨식물 중 쌍떡잎식물에 속하는 차나뭇과 동백나무속의 상록 관목이다. 동백나무의 학명은 *Camellia japonica L.*로 속명인 Camellia는 식물학자 게오르그 카멜(Georg Joseph Kamel, 1661-1706)에서 유래된 것이다. 게오르그 카멜은 체코슬로바키아 식물학자였는데 17세기 선교사 신분으로 필리핀에서 동아시아의 식물을 연구하며, 동백나무를 유럽에 소개했다. 유럽 사람답게 린네는 동백나무를 학계에 발표하면서 동백나무의 속명(屬名)을 카멜리아(Camellia)라 붙여 카멜(Kamell)의 동백나무 연구 업적을 기렸다. Camellia속은 동남아시아에 약 100종이 분포되어 있는데, 그 중 우리나라에는 동백나무와 중국 원산의 차나무(*Camellia sinensis (L.) Kuntze*)가 살고 있다고 한다. 서양에 없던 동백나무는 서양의 원예학자들의 손을 거쳐 원래 크기보다 꽃도 크고, 색깔도 다양하고, 꽃잎의 숫자도 많은 다양한 동백꽃 품종을 개발하여 전 세계에 역수출하고 있다.

베르디의 오페라 '라트라비아타(La Traviata, 거리의 여인)'의 '축배의 노래'는 우리들에게 잘 알려진 노래다. 비올레타와 알프레도가 부르는 2중창 '축배의 노래'에서 알프레도는 '사랑'을 위해, 비올레타는 '쾌락'을 위해 축배를 들자고 한다. 둘만 남은 자리에서 알프레도는 그녀에게 사랑을 고백하지만 비올레타는 거듭되는 알프레도의 사랑을 거부하고 그에게 동백꽃을 주며 꽃이 시들면 다시 찾아오라고 한다.

축배의 노래는 프랑스의 작가 알렉상드르 뒤마 피스의 소설 'La Dame aux camellias(동백꽃을 들고 있는 부인)'를 각색하여 작곡한 것으로 대중들에게 널리 사랑 받는 곡이다. '라트라비아타'의 주인공 '비올레타가 언제나 동백꽃송이를 달고 다니기 때문에 오페라 공연에서 동백꽃송이는 필수적인 소품이다. 오페라 라트라비아타를 일본에서는 춘희(椿姬)라고 번역했는데 우리나라에서도 이 번역어를 지금까지 그대로 쓰고 있다. 동백나무의 한자어 동백(冬栢)은 우리말이고 일본은 춘(椿)이다. 일본한자인 춘(椿)

은 'ツバキ(츠바키, tsubaki)로 읽는다. 실제 우리나라 사전에 춘희에 쓰인 '椿(춘)'자는 '동백나무 춘'이 아니라 '참죽나무 춘'이라고 나와 있다. 참죽나무는 낙엽교목으로 동백나무와는 근본적으로 다른데 춘희(椿姬)라고 잘못 번역된 오페라 제목 그대로 쓰는 것은 '난센스'다. 라트라비아타의 우리말 번역어는 '동백아가씨'가 적절하지 않을까?

소나무

043

소나무(*Pinus densiflora Siebold et Zucc.*)

소나무는 예전부터 비바람과 눈보라가 몰아치는 역경 속에서도 푸름을 잃지 않아 조선의 선비들은 소나무를 지조와 의리의 상징으로 여겼다. 소나무의 잎이나 가지는 잡귀와 부정을 막는다고 믿어 출산 때나 장을 담을 때에 가지와 잎을 금줄에 걸었다. 우리나라 옛 궁궐에서는 건축 재료로 오로지 소나무만 쓰도록 했다고 한다. 경복궁 등 조선시대 궁궐은 모두 소나무로만 지었는데 이는 소나무의 결이 곱고 나이테 사이의 폭이 좁으며 강도가 큰 나무였다. 거기다가 잘 뒤틀리지 않으면서도 벌레가 먹지 않으며 송진이 있어 습기에도 잘 견디는 우두머리 나무라는 믿음 때문이었다. 예전부터 우리 선조들은 풍경이 아름다운 곳에 터를 잡고 솔과 대를 심어 절개를 지키고 인격을 수양했다. 소나무는 한국의 조경수였다.[1]

한국을 대표하는 소나무는 주로 울진에서 자라는 금강송이다. 금강송은 곧게 자라면서 아주 단단하고 껍질 색깔이 붉다. 그래서 금강송을 비롯한 한국의 소나무를 적송이라고 부른다. 소나무는 솔, 참솔, 송목, 솔나무, 소오리나무로 부르기도 한다. 소나무는 '솔'과 '나무'가 합쳐진 말이다. '솔'은 '으뜸' '우두머리'를 뜻하는 (독수리처럼) '수리'가 '술'로 또 '솔'로 변화한 것으로 보고 있다. 결국 솔은 나무의 으뜸이라는 뜻이다. 소나무를 뜻하는 한자 松(송)은 나무를 뜻하는 '木'자와 공작(公爵)을 의미하는 '公'이 합쳐진 글자인데 여기에는 다음과 같은 사연이 있다. 진시황제가 길을 가다가 소나기를 만났는데 마침 근처의 소나무 아래에서 비를 피하게 되었다. 황제는 보답의 뜻으로 소나무에게 벼슬을 주어 <목공(木公)>이라고 하였는데 이 두 글자가 합쳐져서 송(松)자가 되었다고 한다. 소나무는 과거에도 그랬고 현재도 여전히 으뜸나무다. 필자는 우리 학생들이 소나무의 원래 의미처럼 절의와 명분을 지킬 줄 아는 겉보다는 속이 꽉 찬 으뜸가는 소나

---

1 정동주, 2014, 늘 푸른 소나무, 한길사.

무와 같은 사람이 되기를 바란다.

식물도감을 살펴보면 소나무의 학명(*Pinus densiflora Siebold et Zucc.*)은 독일의 식물학자였으며 뮌헨 대학교 식물학과 교수였던 주카리니(Joseph Gerhard Zuccarini, 1797~1848)와 의사이자 생물학자인 지볼트(Philipp Franz Balthasarvon Siebold, 1796~1866)가 함께 붙였다. 속명 '피누스(Pinus)'는 '산에서 사는 나무'라는 뜻으로 켈트어 '핀(Pin)'에서 유래했다. 덴시프로라(densiflora)는 '빽빽한 꽃이 있다'라는 뜻이다.

소나뭇과에 속하는 나무는 전 세계에 2백여 종이 있는데 주로 북반구에서 자라고 있으며, 침갈이 뾰족한 늘 푸른 잎을 가진 나무다. 소나무 한줄기에서 솔잎이 두 개면 소나무, 다섯 개면 잣나무 그리고 세 개면 리기다소나무라고 구분한다.

수년 전 충남대 연구팀의 조사에 따르면 대관령 지역의 소나무와 전남 장성 치유의 숲에 서식하는 편백나무를 비교 조사한 결과 대관령의 소나무 숲에서 피톤치드가 더 많이 나왔다고 한다. 피톤치드는 1937년 러시아 레닌그라드 대학(현 상트페테르부르크 대학)의 생화학자인 토킨(Boris P. Tokin)에 의하여 명명된 휘발성의 유기물이다. 이 물질은 식물이 병원균·해충·곰팡이에 저항하려고 내뿜거나 분비하는 물질로, 삼림욕을 통해 피톤치드를 마시면 스트레스가 해소되고 장과 심폐기능이 강화되며 집 먼지 진드기의 번식을 억제하는 효과가 있다고 한다. 기후변화로 인해 요즘 소나무들이 점점 산의 높은 곳으로 올라가고 있다. 나무들은 자연이 스스로 변하는 천이(遷移)라는 섭생원리에 따라 그들의 터전을 북으로 옮겨가고 있다. 지구 온난화로 앞으로 50년 남짓이면 소나무는 이 땅에서 아주 사라져 마을과 사람 사이를 지나 길을 떠날 것이다.[2]

---

2   길 떠나는 소나무, https://www.joongang.co.kr/article/2920425#home, 2024년 1월 31일 검색.

조경을 위한

용어 에세이

은행나무

044

은행나무(*Ginkgo biloba L.*)

조선의 선비들은 배움의 깊이가 깊어지고 이어지라는 의미로 교육기관에 은행나무를 많이 심었다. 공자의 위패를 모신 서울 성균관 대성전, 전국의 향교와 서원 등 교육기관의 정원에는 어김없이 은행나무가 자라고 있다.

민가의 정원으로 유명한 은행나무는 영양 서석지의 정원에 있는 은행나무다. 사실 은행은 공자의 행적과 관련이 있는데 공자가 학문을 가르치고 배우는 장소를 행단이라고 하며 공자가 그 위에 앉아서 강의를 하고 제자들이 그 곁에서 강의를 들었다고 한다. 필자가 근무하는 계명대학교의 교목도 은행이고 일본 도쿄대학(東京大學), 오사카대학(大阪大學) 그리고 우리나라 성균관대학교의 학교 로고에 보이는 나무도 다름 아닌 은행나무다. 조선시대 유학자들이 그들의 정원에 은행을 심고 일본과 한국의 유명 대학 캠퍼스에 은행나무를 심은 이유는 아마도 대학인 '공자의 행적과 사상을 상기하고 학행의 분위기를 조성하기 위함'이었을 것이다.

조선시대 홍만선이 말년인 17세기 말에서 18세기 초에 걸쳐 편찬한 농업전문서인 산림경제(山林經濟)에 은행나무에 대한 기록이 남아 있다고 한다. 은행나무는 신령이 강림하여 머물러 있다고 믿어지는 나무를 가리키는 신목(神木)이라 하여 백성들에게 악정(惡政)을 베푸는 관원을 응징하는 상징의 의미로 관가의 뜰에 심었다. 신라의 마의태자가 심었다고 전해지는 경기도 용평 용문사의 은행나무는 천연기념물 30호로 그 높이가 60m, 줄기 둘레가 12.3m에 달하며, 수령은 1,100세 이상으로 추정된다.

은행나무는 지질 시대의 구분 중 가장 최근의 시대인 약 6,600만 년 전, 백악기 말 신생대에 번성하였던 식물로 '살아있는 화석'으로 불린다. 은행나무과로는 유일한 식물로 보기와는 달리 고독한 나무다. 이 나무의 고향은 중국 절강성에 위치한 천목산이다. 은행은 은빛살구라는 뜻이며 열매가 살구나무열매를 닮았기 때문이다. 잎이 오리발

같아서 '압각수', 열매가 손자 대에 열린다고 '공손수'라고도 부른다. 껍질을 벗기면 열매의 육질이 흰색이라 '백과'라고도 한다. 서양 사람들은 오히려 오리의 물갈퀴처럼 생긴 은행잎을 처녀의 머리로 보이는 모양인데 은행의 학명(Ginkgo biloba L.)의 종명인 biloba 는 '두 갈래로 갈라진 잎'을 뜻한다. 학명을 붙인 사람은 수목의 학명체계를 정립한 리나이우스(Linnaeus, 1707-1778)다.

은행나무는 암수딴그루이며 낙엽침엽교목이다. 은행나무는 암수의 구분을 나무에 열매가 열리는지의 여부로 감별해 왔다. 그래서 은행나무는 30년 이상 일정 기간 이상 자라야 열매를 맺을 수 있기 때문에 어린 묘목은 암수 감별이 어려워 가로수로 암나무를 심어 시민들에게 악취피해를 주어 민원이 발생하는 경우가 종종 있다. 암나무와 수나무가 따로 있는 나무로는 비자나무와 주목을 비롯해 뽕나무, 미루나무, 버드나무, 호랑가시나무, 이팝나무 등이 있는데, 그 중에 대표적인 나무는 은행나무다. 은행나무 열매의 악취소동으로 어느 지자체에서 은행 암나무를 수나무로 교체한다는 것은 생명에 대한 관료적이고 폭력적인 행정의 결과이다. 은행나무는 암나무와 수나무가 있고 이 두 나무가 존재해야 열매를 맺을 수 있다는 상식을 우리는 존중해야 한다.

조경을 위한

용어 에세이

배롱나무

045

배롱나무(*Lagerstroemia indica L.*)

중국에서는 배롱나무를 '자미화((紫微花)'라고 부른다고 한다. 자미는 붉은 배롱나무라는 뜻이다. 한자 미(微)가 배롱나무라는 뜻이다. 우리나라에서는 관청에 많이 심었다고 한다. 이는 당나라 현종이 이 꽃을 좋아해서 자신이 업무를 보는 중서성에 이 배롱나무를 심고 성의 이름을 '자미성(紫微城)'으로 바꾸어 중서성을 미원(微垣), 즉 배롱나무가 있는 관청이라고 부른 데서 기인한다. 하지만 백일홍과 배롱나무의 생태는 완전히 다르다. 멕시코 원산의 한해살이풀인 백일홍은 한 번 피운 꽃을 오랫동안 유지하지만, 중국 원산의 관목인 배롱나무는 수많은 작은 꽃들이 가지에서 끊임없이 피고 져서 오랫동안 유지되는 것처럼 보일 뿐이다. 백일홍은 중국 송나라의 시인 양만리의 시(누가 꽃이 백일 동안 붉지 않고, 백일홍이 반년 동안 꽃이 핀다는 것을 말하는가)에서 처음 등장했다고 하며 학명에는 이 나무의 원산지를 인도(indica)로 표기하고 있다. 배롱나무에 관해 수목일기를 쓴 D군은 이 나무의 붉은 꽃에 마음을 빼앗겨 버렸다고 한다. 배롱나무가 오랜 기간 동안 꽃을 피우면서도 사람들에게 질리지 않는 이유는 봄에 비해 꽃을 구경하기 힘든 계절에 너무 강렬하지도 부드럽지도 않은 선홍색 꽃을 여름 내내 피우기 때문이다. 그리고 그는 배롱나무의 수피가 아름다워 수목공부를 할 때 제일 먼저 그 이름을 알아버린 나무라고 한다. 그래서 배롱나무를 '간질나무' 혹은 '간지럼나무'라고 부르기도 하는데 이는 배롱나무 줄기를 손톱으로 조금 긁으면 나뭇가지 전체가 움직여 마치 간지럼을 타는 것 같은 느낌을 전해주어서 그렇게 부른다고 한다. 일본에서는 '사루스베리'라고 부르는데 원숭이가 미끄러지는 나무라는 뜻이다. 나무를 잘 타는 원숭이도 이 나무에 올라가면 미끄러질 만큼 수피가 매끄럽다는 뜻이다. 보통 나무들은 단단한 껍질로 자신을 보호하지만 배롱나무는 어릴 때는 껍질이 있지만 성장할수록 껍질을 벗고 나중에는 매끈매끈해진다. 배롱나무의 껍질은 성장하면서 단정하고 매끈한 정도를 더해가며 그것이 멋진 선비의 모습을 닮았다고 해서 주로 묘지나 사당, 서원과 선비들의 원림(園林)에 주로 많이 심었다. 도동서원에 배롱나무를 심은 것도 같은 의도였을 것이다. 조선의 선비들은 가식이 없으며, 겉치레 없이 알몸으로 서 있는 배롱나무의 순수한 본질을 닮으려 했을 것이다.

'권불십년 화무십일홍'이라고 했다. 아무리 막강한 권력도 10년 못가고, 열흘 붉은 꽃도 없다는 말이다. 그러나 배롱나무는 그 붉은 색이 거의 백일을 간다. 그래서 백일홍이라고 한다. 배롱나무는 한자 백일홍(百日紅)을 우리말로 바꾼 것이다. 여름 내내 붉은 꽃을 피우는 모습이 백일홍과 흡사해 백일홍나무라고 불리던 것이 배기롱나무를 거쳐 배롱나무로 변했다.

배롱나무는 주로 따뜻한 남부지방에서 자라기 때문에 서울을 중심으로 한 수도권에서 배롱나무를 흔히 볼 수 없다. 그러나 최근 기후변화로 인하여 중부 지방의 기온이 상승하여 따뜻한 도시 중심부에서는 간간이 배롱나무를 볼 수 있을 것으로 기대된다.

조경을 위한

용어 에세이

벽오동

046

벽오동(*Firmiana simplex*)

필자가 최근 넷플릭스에서 〈벽안(碧眼), 푸른 눈의 사무라이〉라는 드라마를 재미있게 보았다. 지금은 그 벽안이라는 뜻을 알지만, 필자가 어릴 때 신문이나 잡지의 '벽안의 외국인'이라는 뜻을 잘 몰랐다. 나중에 알고 보니 그 벽안의 벽이 '푸르다'란 뜻을 가진 碧(벽)자인 것을 알았다. 벽안이 푸른 눈이라는 뜻이었다. 벽오동은 나무의 수피가 푸른 오동나무란 뜻이다. 벽오동은 중국남부가 고향이며 우리나라에는 고려 이전에 들어왔다고 전해진다. 아름드리에 이르는 큰 나무이고 자라는 속도가 한해에 1m이상 클 만큼 성장이 매우 빠른 나무다. 잎은 어른 손바닥 둘을 활짝 편 만큼이나 크고 초여름에 연노랑의 작은 꽃들을 잔뜩 피우고 나면 가을에는 열리는 특별한 모양의 열매는 작은 작난감 배 모양의 얇고 오목한 열매인데 가장자리에는 쪼글쪼글한 콩알 굵기의 씨앗이 보통 4개씩 붙어 있다. 이 콩알 씨앗은 볶아 먹으면 고소하고, 약간의 카페인 성분이 들어 있다고 한다. 중국 명나라의 이시진이 지은 약초학의 연구서 《본초강목》에서는 '오동(梧桐)은 벽오동을 말하고, 동(桐)은 오동나무'라 설명하고 있다. 대부분의 문헌에서는 벽오동과 오동을 엄밀하게 구분하지 않았다고 한다. 벽오동은 잎이 3~5개로 좀 깊이 갈라지고 오동나무도 잎 가장자리가 약간 패이기는 하나 전체적으로 오각형 모양이다. 둘 다 빨리 자라며 잎 모양새도 닮았고 악기를 만드는 쓰임도 비슷하다. 가장 큰 차이점은 이름처럼 벽오동(碧梧桐, *Firmiana simplex*)은 줄기가 푸르고, 오동나무(*Paulownia coreana*)는 수피가 회갈색이며 오래되면 세로로 갈라진다. 이렇듯 식물학적인 관점에서 벽오동과 오동나무는 거의 남남인 다른 나무다. 오동나무는 엄청 빨리 자라기 때문에 15년에서 20년쯤 자라면 가구로 만들어 쓸 수 있다. 소나무는 60년은 지나야 장례식 때 관이라도 만들 수 있다. 소나무를 심은 뜻은 지조와 절개를 지키고 입신양명하라는 뜻으로 해석된다. 그래서 선조들은 예전부터 딸을 낳으면 오동나무를 심어 시집갈 때 가구를 만들어 보내고 아들을 낳으면 대들보가 되라고 소나무를 심었다고 한다.

우리나라의 화투는 19세기경 일본에서 건너왔지만 정작 일본에서는 사라지고 우리나라에서 새롭게 만들어진 놀이문화다. 꽃이 그려진 패로 싸움을 하는 놀이라는 뜻의 화투(花鬪)는 일본말로는 화찰(花札 하나후다), 꽃패라는 뜻이다. 화투의 48장은 1년의 1월에서 12월을 의미한다. 월별 꽃을 살펴보면 1월은 소나무, 2월은 매화, 3월은 벚꽃, 4월은 흑싸리, 5월은 창포, 6월은 모란, 7월은 홍싸리, 9월은 국화, 10월은 단풍, 11월은 벽오동 그리고 12월은 버드나무를 상징한다. 8월은 원래 일본의 가을을 상징하는 7가지 초목 대신 우리나라에서는 밝은 달과 기러기 세 마리로 바꿔 그려넣었다고 한다. 11월을 상징하는 화투 그림인 오동光은 봉황이 벽오동 열매를 따먹는 모습을 형상화한 것이다. 봉황은 고대 중국 사람들이 상상하는 상서로운 새다. 이 새는 벽오동에만 앉고, 대나무 열매만 먹으며, 중국에서 태평한 시기에만 단물이 솟는 예천(醴泉)만 마셨다고 한다. 봉황은 기린, 거북, 용과 함께 영물(靈物)이며, 덕망 있는 군자가 천자의 지위에 오르면 출현한다고 전해진다. 봉황이 깃든다는 이 나무가 바로 벽오동이다. 벽오동의 학명은 Firmiana simplex인데 속명 Firmiana은 18세기 오스트리아 제국 이탈리아 롬바르디아 총독이었던 Karl Joseph von Firmian(1716~1782)의 이름을 딴 것이다. 종소명 simplex는 홑잎을 가졌다는 뜻이다. 벽오동은 가지는 비교적 적으나 잎이 커서 봉황이 앉아서 숨기에 적합했고 나무에 특별히 맛있는 열매까지 달리니 봉황이 특별히 좋아했던 것 같다. 조선시대의 선비는 왕이 점지하지 않으면 벼슬길에 나서지 못했기 때문에 그들이 학습을 위해 모이던 서원(書院)이나 거처하던 집 사랑채 앞마당에 벽오동나무 한두 그루는 꼭 심고 가꾸면서 봉황이 벽오동에 깃들 듯이 왕의 전령이 좋은 소식을 전해주기를 기원했다고 한다. 오동나무는 대나무와 함께 우리나라의 전통 정원에서는 빠질 수 없는 중요한 나무였다. 선조들은 오동나무를 반드시 남쪽 마당 울타리에 심었고 반면 대나무는 집 북쪽 산 아래에 심었다.

少年易老 學難成((소년이로 학난성) 소년은 늙기 쉽고 학문은 이루기 어려우니

一寸光陰不可經(일촌광음불가경) 짧은 시간이라도 가벼이 여기지 말라

未覺池塘 春草夢(미각지당 춘초몽) 아직 연못에 있는 봄풀은 꿈에서 깨어나지도 않았는데

階前梧葉已秋聲(계전오엽이추성) 뜰 앞의 벽오동나무는 벌써 가을 소리를 내는구나

명심보감(明心寶鑑) -권학편(勸學篇)에서

도시공원의 CCTV

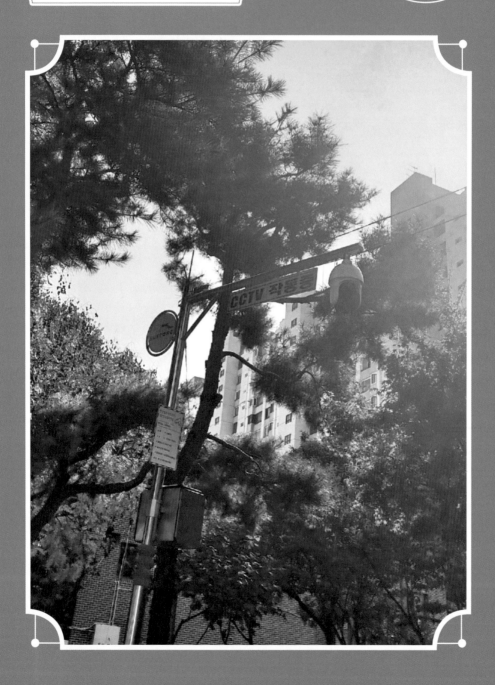

047

도시공원의 CCTV

2018년 '서울시·경찰 합동 공원 안전 조사결과'에 따르면, 서울시내 공원 2,216 곳 중 15곳이 안전도가 가장 낮은 C등급을 받았다. C등급 15개 공원 중 어린이공원은 절반에 가까운 6곳이다. C등급은 살인, 강도, 강간, 절도, 폭행, 마약, 방화 등 7대 범죄가 6건 이상 발생했거나, 112 신고가 70건 이상 있었던 곳이다. 노숙자나 취객, 비행청소년들로 인한 시비나 폭행 등으로 주민이 체감하는 공원의 안전도가 낮으면 실제 범죄 건수나 112 신고 건수가 해당 기준에 미치지 않는다 하더라도 C등급으로 분류했다고 한다. 서울시는 경찰, 지역주민과 협력해 C등급 공원은 하루 2~3시간 간격으로 순찰을 하고, 취약공원 전담 자율방범대를 운영할 것이라고 했다. 이와 함께 상업시설이 밀집해 있고 어린이가 이용하지 않는 어린이공원은 주민 커뮤니티 공간으로 재조성하고, 안전도가 극히 낮은 공원은 야간 이용을 금지하는 방안도 검토키로 했다고 한다.

2023년 서울의 도시공원에서 강력범죄가 잇달아 발생하면서 공원과 등산로 등에 CCTV를 설치해 달라는 주민들의 요구가 빗발치고 있는데 담당부서는 예산이 부족하다고 한다. Closed-circuit Television의 줄임말로 보안용(감시) 카메라를 뜻한다. 영미권에서는 주로 Security(혹은 Surveillance) Camera라고 부른다. 서울시에 따르면 시내 공원 1,763곳 중 312곳은 CCTV가 1대도 없는 실정이다. 2023년 8월 등산로 폭행 살인사건이 발생한 관악산생태공원의 경우 크기가 축구장(7140㎡) 10개보다 넓은 7만 6,521㎡(약 2만 3,000평)였지만 설치된 CCTV는 모두 7대에 불과했다고 한다. 오래전 통계이지만 경찰청에 따르면 공원에서의 범죄 건수는 2001년 2,476건에서 2010년 5,420건으로 약 2배가 증가 했다고 한다. 2010년에 발생한 총 5,420건의 범죄를 365일로 나누면 하루 평균 15건의 공원범죄가 발생하고 있다고 할 수 있다. 도시공원의 수 역시 범죄 발생 건수와 마찬가지로 점차 늘어나는 양상을 띠고 있다. 2002년 10,849개였던 도시공원은 2012년에는 19,600개로 1.8배 정도 증가했다. 공원범죄 증가라는 하나의 사회현상을 도시공원의 수의 증가만으로 설명하기엔 부족하지만, 도시공원의 수가 늘어남으로써 범죄가 발생할 수 있는 기회가 많아진 것은 분명하고, 또한 지방자치단체의 공원범죄에 대한 대책 수립도 시급한 것도 사실이다.

전문가들은 도시공원만 늘리고 그 안에 CCTV같은 안전 인프라를 확충하지 않으면 자칫 공원 등이 우범 지대가 될 수 있다고 우려를 표시한다. 시민 여가를 위해 공원 등을 늘리는 건 바람직하지만 범죄에 취약할 수 있는 지점을 미리 파악해 지방자치단체와 경찰 등이 함께 먼저 CCTV를 설치할 필요가 있다고 강조한다.

2013년부터 경기도의 뉴타운을 중심으로 아파트 단지 내에 최첨단 CCTV 분석시스템인 지능형 영상감지 솔루션(VMS)을 도입하였다. 이 지능형 CCTV는 단지 내 CCTV영상을 소프트웨어가 자동으로 분석해 피사체의 특이한 행동을 화면과 경보음으로 즉각 알려주어 범죄로부터 입주민을 보호하였다.

공원의 CCTV는 범죄는 물론 안전사고의 예방과 대응 역량을 제고하기 위한 지역안전의 핵심 인프라스트럭처(infrastructure)다. CCTV는 공원의 입구 등 감시의 기능이 필요한 위치와 공원의 사각지대를 최소화시키는 장소에 설치하여야 한다. 앞으로 CCTV 설치 시에는 범죄통계분석을 통해 지역의 치안상황을 충분하게 고려하여 설치장소를 선정하여야 한다. 이러한 CCTV와 같은 예방시설은 극한 상황에서 가장 효과적으로 범죄를 예방할 수 있다는 장점이 있다. 그러나 '범죄예방을 위한 환경설계'라는 원래의 의도와는 거리가 멀고 시설 자체가 공간의 분위기를 삭막하고 건조하게 만들며 설치 비용이 많이 든다는 단점도 있다. 원래 셉테드는 이용자에게 방어적인 공간을 만들어 범죄를 예방하자는 의도로 고안된 개념이다. 따라서 물리적인 보안 장치를 설치하여 범죄자를 감시하고 주민을 방어하는 보안 시스템과는 그 개념이 다르다는 것[1]을 우리는 알아야 한다.

---

1 대한건축학회 학생기자단 블로그 https://m.blog.naver.com/aik2020/222480835456 2024년 2월 9일 검색.

조경을 위한

용어 에세이

환경설계를 통한 범죄예방 셉테드

　　도시공원에서의 범죄를 예방하는 다양한 방법 중 공원 설계 시 반드시 도입해야 할 기법이 '환경설계를 통한 범죄예방(Crime Prevention Through Environmental Design)', 즉 셉테드(CPTED)다. 셉테드라는 용어는 1971년 범죄학 교수인 레이 제프리가 쓴 Crime Prevention Through Design이라는 책에서 유래했다. 셉테드란 범죄율을 낮추기 위해 범죄학, 지리학, 도시공학, 조경학, 건축학, 심리학 등의 학제간 연구를 통하여 지역의 환경을 인위적으로 바꾸는 디자인 방법이다. 셉테드란 범죄를 저지를 수 없는 물리적 환경을 조성하여 범행을 어렵게 만들어 주민들이 안전하게 생활할 수 있게 환경을 만들어 주는 것을 말한다. 그간 유럽의 많은 국가들은 셉테드를 통해 범죄 예방에 많은 효과를 거둬왔다. 셉테드는 제인 제이콥스가 1961년 그녀의 저서 〈미국 대도시의 삶과 죽음(The Death and Life of Great American Cities)〉에서 도시 재개발에 따른 범죄문제의 해법을 도시설계 방법을 통해 제안함으로써 시작되었다. 이후 1970년대 미국에서 범죄예방 환경설계를 주거지역뿐만 아니라 공공시설, 학교 등에 적용하기 시작하면서 관련 연구가 본격적으로 시작되었다.

　　우리나라의 경우 2012년에 개정된 도시공원 및 녹지 등에 관한 법률 시행규칙에 '셉테드(CPTED)'를 고려한 공원 설계를 새롭게 포함하였다.

　　시행 규칙 제10조(도시공원의 안전기준)의 2항에 '공원관리청은 도시공원에서의 범죄 예방을 위하여 다음 각 호의 기준에 따라 도시공원을 계획·조성·관리하여야 한다.'라고 명시하고 있다. 이것이 도시공원에 범죄예방을 위한 첫 제도적인 시도였다. 2항에는 셉테드의 주요 원칙인 자연적 감시, 접근통제, 활용성 증대, 영역성 강화, 유지관리에 대하여 다음과 같이 설명하고 있다.

❶ 도시공원의 내·외부에서 이용자의 시야가 최대한 확보되도록 할 것

❷ 도시공원 이용자들을 출입구·이동로 등 일정한 공간으로 유도 또는 통제하는 시설 등을 배치할 것

❸ 다양한 계층의 이용자들이 다양한 시간대에 도시공원을 이용할 수 있도록 필요한 시설을 배치할 것

❹ 도시공원이 공적인 장소임을 도시공원 이용자에게 인식시킬 수 있는 시설 등을 적절히 배치할 것

❺ 도시공원의 설치·운영 시 안전한 환경을 지속적으로 유지할 수 있도록 적절한 디자인과 자재를 선정·사용할 것

셉테드는 우리나라의 경우 최근까지 건축·도시계획분야에서는 활발하게 도입하여 근린이나 도시계획 단위에서는 많이 사용하고 있으나 도시공원에 적용하려는 시도는 최근까지 매우 드문 것으로 보인다. 필자가 여러 번의 공원설계 심의에 참가하여 설계자에게 셉테드의 개념을 질문해 본 결과 그들은 셉테드의 그 의미를 제대로 이해하고 있지 못했다. 설계자들은 공원에서의 범죄예방은 온전히 경찰의 몫이라고 생각하고 있었다.

2013년 필자는 어린이공원 4곳을 대상으로 셉테드에 관한 기초적인 연구를 조경의 관점에서 시도하였다.[1] 연구 결과를 바탕으로 향후 기존의 공원을 재정비할 경우 범죄예방을 위해서 다음의 사항을 조경설계 시 고려해야 할 것을 제시하였다.

먼저, 공원 주변부 울타리 식재의 경우 관목은 수고 1~1.5m, 교목일 경우 지하고가 1.8m 이상의 수목을 식재하여 시야확보를 통한 '사인적 감시'가 잘 이루어져야 한다. 둘째, 공원 내에 CCTV를 설치하여 기계적 감시를 강화하고, 경고문 부착, 관리사무소 설치 등을 통하여 범죄자를 사전에 차단하는 '접근통제'가 이루어져야 한다. 셋째, 공원 경계에 설치하는 담장은 투시형으로 설치하고, 높이는 1.5~1.8m로 하고 산울타리를 식재할 경우 수고를 1~1.5m로 제한한다. 넷째, 공원안내판은 주출입구의 잘 보이는 곳에 크게 설치하며, 공원 이용준수사항, 공원이용시간, 금지사항 등의 내용을 기재한다. 다섯째, 공원 내·외부의 환경 정비를 철저히 하여 공원이 항상 깨끗한 상태를 유

---

1 김수봉 외, 2013, 도시공원의 물리적 환경개선을 위한 CPTED 이론 적용에 관한 연구, 한국조경학회 2013년도 추계학술대회 논문집, pp.44-45.

지하고, 공원 주변을 주차금지구역으로 지정하여 차량으로 인함 내부 감시차단을 방지하고, 건물, 시설물, 수목 등으로 인한 사각지대가 발생하지 않도록 지속적으로 관리해야 한다. 마지막으로, 공원 내의 시설물에 대한 유지관리를 철저히 하며, 훼손된 시설물에 대해서는 빠른 시일 내에 보수와 교체가 이루어지도록 한다.

  셉테드의 관점에서 식재설계 시 논란이 되는 공원 내 풍부한 '수목의 양'의 확보가 중요한지 아니면 수목의 양보다는 공원에서의 자연적 감시를 위한 '시야확보' 정도의 수목이면 충분한지에 대해 필자가 조사를 하였다. 조사결과 응답자의 53%가 공원 내 자연적 감시를 위한 시야확보가 가능한 정도의 수목이면 좋다고 응답하였다. 그러나 공원설계자의 입장에서는 우리나라는 도시의 고밀도 개발로 인하여 도시공원은 도시의 허파 혹은 오아시스라는 개념을 적용하여 수목을 밀식하여 도시공원을 작은 숲처럼 설계하려는 사례가 많다. 이러한 전통적인 식재설계방식은 조경의 관점에 도시미관 향상이나 주민들의 정서 함양에는 기여할 수 있으나 범죄예방관점에서는 범죄에 취약한 환경을 조성할 우려가 있다고 다수의 셉테드 관련 연구 논문에서 주장하고 있다. 공원설계 시 도시열섬이나 미세먼지저감 등과 같은 도시환경을 위해 수목의 양을 우선으로 고려할지 아니면 범죄의 위협으로부터 시민들을 보호하기 위해 자연적 감시를 위한 시야확보에 더 중점을 두어야 할지 조경계 내에서 충분한 논의를 가져야 할 것이다.

  1965년 빈번한 강도사건과 반달리즘 등으로 황폐해진 뉴욕의 도시공원을 시민을 위한 생활의 중심지로 바꾸어 뉴욕의 도시생활에 '도시공원'이라는 새로운 관점을 추가시킨 사람이 당시 도시공원국장이었던 톰 호빙(Tom Hoving)이었다. 그가 뉴욕시의 도시공원을 전면 개혁할 때 새겨들었던 말은 '(공원에서) 가장 좋은 치안 유지방법은 도시민이 공원을 자주 많이 이용하는 것'이라는 제인 제이콥스의 충고였다.

  코로나 이후 달라진 시민들의 도시공원에 대한 행태와 요구를 잘 파악하여 시민이 도시공원을 많이 이용할 수 있도록 같이 고민해보자.

환경

우리가 생활하고 있는 환경(環境)의 개념은 매우 포괄적이다. 우리말 환경은 영어인 environment, 불어인 milieu, 독일어인 Umgebung 그리고 일본어 環境(かんきょう)의 번역어다. 환경이란 생물의 생활을 영위하는 공간, 즉 모든 생물이 사는 서식처이며, 또한 영향을 주는 생활권을 의미한다. 이러한 환경의 개념은 집단, 공동체, 그리고 사회의 형성과정을 연구하는 데 필수적인 것이며 따라서 환경이라는 용어는 물리, 화학, 생물학뿐만 아니라 의학, 심리학, 지리학, 사회학 그리고 생태학 등에서도 자주 사용된다.

넓은 의미의 환경이란 어떤 주체를 둘러싸고 주체에게 영향을 미치는 유형과 무형의 객체의 총체라고 할 수 있다. 사람을 주체로 하는 경우 환경이란 인간과 인간의 다양한 활동을 둘러싸고 있는 주위의 상태를 말하며 주체가 환경에 의하여 받는 영향은 일반적으로 대단히 복잡하다. 어떤 생물이든지 주어진 환경 아래에서 생활을 영위하고 있기 때문에 환경 없이 생명은 존재할 수가 없다. 따라서 생명체의 생명현상은 그 환경조건에 지배된다고 볼 수 있다.

지구상에서 중요한 환경요인에는 기후, 토양, 암석, 생물 등과 같은 자연적인 환경요인과 어떠한 방법으로든지 생물에 영향을 미치는 인위적인 환경요인이 있는데 이러한 여러 요인의 집합을 환경이라고 볼 수 있다.

일본의 생태학자인 쓰기야마(杉山惠一)선생[1]은 환경을 생태학적관점에서 자연 환경과 인공 환경으로 나누었다. 그는 생태학에서 "어떤 생물 개체를 둘러싸고 있는 실체"를 통틀어 '환경'이라고 정의했다. 환경은 본래 모두 자연적 요소로만 구성되어 있었다. 그런데 여기에 인간이 등장하면서 달라졌다. 인간은 자연환경 속에서 자신의 생활에 보다 편리한 별개의 환경을 만들어 내었는데 그것을 우리는 인공 환경이라고 부른다. 그

---

1 杉山惠一 외, 2001, 자연환경복원 기술, 동화기술(이창석 외 공역), p.15.

러나 이 인공 환경은 절대 자연환경과 독립하여서는 존재할 수 없다고 하였다. 그에 따르면 인공 환경이 자연 환경의 규모를 넘어서 계속 확대되어 소위 지구 환경의 위기라 불리는 문제의 원인이 되었다고 하면서 지금까지 등 뒤에 업혀있던 아이(인공적 환경)의 체중이 엄마(자연환경)의 체중을 넘어선 것과 같은 상태가 되었다고 우려했다. 우리나라의 환경정책기본법 제3조에 따르면 『환경』을 자연환경과 생활환경으로 분류하고 있다. 이 법에 따르면 ❶ "자연환경"이란 지하·지표(해양을 포함한다) 및 지상의 모든 생물과 이들을 둘러싸고 있는 비생물적인 것을 포함한 자연의 상태(생태계 및 자연경관을 포함한다)를 말한다. ❷ "생활환경"이란 대기, 물, 토양, 폐기물, 소음·진동, 악취, 일조(日照), 인공조명, 화학물질 등 사람의 일상생활과 관계되는 환경이라고 각각 정의하고 있다.

환경은 생물이 살고 있는 모든 것을 통칭하는 말로써 앞에 붙는 용어에 따라 의미가 다양하다. 가령 인간이란 말이 사용되면 인간환경(Human Environment), 자연이란 말이 사용되면 자연환경(Natural Environment), 도시란 말이 오면 도시환경(Urban Environment) 처럼 쓰이고 있다.

인간은 무한한 우주의 생태계 속에서 가장 강력한 영향을 미침과 동시에 자기가 속해 있는 자연계뿐만 아니라 그가 스스로 조성해 놓은 인공적 환경으로부터 영향을 받는다. 인간은 그의 생존을 영위하기 위하여 자연으로부터 무수한 동·식물을 채취하는 동시에 자연자원을 편리한대로 이용함으로써 자연계의 형태와 속성을 변화시킨다. 인구와 생산 활동의 급격한 증가 등으로 인해 야기되는 환경파괴와 오염은 생태계의 기능을 교란시키며, 한번 자기조절기능을 상실한 자연계의 균형관계가 회복되기 위해서는 오랜 세월이 걸린다. 자연이 인간의 능력으로 보다 아름답게 장식되기도 하고, 야생의 동·식물이 인간의 영향에 의해 순화되기도 한다.

한편, 자연환경이 인간에게 주는 영향은 우선 인구의 증가를 제한하고 인간 활동의 영역과 형태를 제약한다. 자연자원의 유한성과 생태계의 형평성은 무한한 욕망을 억제하려는 인간의 의지와 노력을 유발시킨다. 그리고 한정된 토지와 자원은 인간사회 내에서 경쟁심을 초래한다. 그러므로 자연환경은 인간의 사고와 행동을 결정하는 범위가 될 수도 있다.

따라서 환경문제는 인간 활동에 의해서 초래되고, 인간 활동은 인간이 환경을 바라보는 다양한 관점에 의해 결정된다고 하겠다. 환경은 인간에게 어떠한 영향을 끼치며, 인간은 환경 속에서 어떠한 존재인가? 또, 환경 속에서 인간은 어떠한 역할을 해야 하는가? 즉, 환경과 인간과의 관계를 어떻게 볼 것인가 하는 물음에 대한 견해 또는 관점을 환경관이라고 하는데, 이는 인류의 역사와 함께 바뀌어 왔다. 환경관은 근본적으로 철학의 변화와 그 맥을 같이 해 왔다고 하겠다.

인간 삶의 본질을 깨닫고자 하는 철학은 환경과의 관계 속에서 자신의 생명을 유지해야 하는 인간의 삶의 기본 조건이기 때문에 결국 인간이 환경을 바라보는 관점인 환경관과 직접 연결된다.

환경관

050

환경관

한국이 속해 있는 동양의 환경관은 자연과 인간이 서로 유기적으로 얽혀 있다는 전체론적 견해를 따른다. 동양에서는 자연이 인간에게 내려 준 것을 인간의 본성이라 하고, 인간의 본성에 따르는 것을 도(道)라 하였으며, 이 도를 배우는 것을 교육이라 하였다. 즉, 동양철학에서는 자연의 이치를 깨닫는 것이 곧 삶의 이치를 깨닫는 것이라 생각하였다.

그러나 현재 우리나라를 포함한 대부분의 동 아시아 지역은 이러한 전통적 환경관을 무시한 채 서양의 합리적·기계론적 환경관에 바탕을 둔 과학과 기술의 발전을 가속화시킴으로써 심각한 환경문제에 직면하고 있다. 이러한 합리적·기계론적인 환경관의 바탕에는 근대를 특징짓는 자본주의가 자리를 잡고 있다. '이윤추구를 목적으로 자본이 지배하는 경제체제'인 자본주의는 인류가 창조한 다양한 문명이 그 나름대로 소중하게 여겨온 가치들과 삶의 원리들을 주변부로 밀어내거나 짓눌러 없애고 오늘날 지배적인 경제체제를 구축하였다. 그러나 이제부터라도 자본주의 경제체제를 반성하고 새로운 경제체제와 세계관을 모색하는 현 시점에서 지금까지 변방에 머무르거나 망각되거나 무시되어온 자본주의 이외의 여러 가지 사고방식을 재평가하고 그것들이 간직하고 있는 원리나 관점에서 무엇인가를 배워야 할 것이다. 특히 우리는 동 아시아의 과거 문명과 전통적 사상을 기반으로 선조들의 〈생태적 지혜〉에 관해 많은 것을 배워야 할 때다.

서양의 환경관은 자연의 통일성과 합리성을 추구하는 고대 그리스의 자연 철학에 그 바탕을 두고 있다. 고대 자연 철학은 자연을 완벽한 조화와 균형을 이루고 있는 합리적인 실체로 인식하고 신과 동일시하고 있었다. 따라서 인간도 이러한 자연 법칙에 순응해야 하나고 믿고 있었다.

그러나 과학 혁명에 의해 태동된 근대 과학의 출현은 인간에게 기계론적인 환경관을 심어 주었다. 즉, 자연은 시계와 같이 정교하게 움직이는 기계와 같으며, 인간이 그 작동 원리를 알기만 하면 인간을 위해 자연은 무한히 이용될 수 있다고 생각하였다. 신의 위치에 있던 자연은 인간의 뜻대로 움직이는 기계로 전락했으며, 이러한 사상은 산업혁명을 거치면서 자연의 착취와 파괴를 낳았다.

저명한 미국의 사회학자 이매뉴얼 월러스틴 교수(Immanuel Maurice Wallerstein)에 따르면 원래 서구가 추구했던 근대의 첫 번째 지향점이면서 본질적인 지향점은 폭력적 권위로부터 해방과 개인의 자유, 그리고 공동체적 평등의 실현이었다고 한다. 그는 이를 <해방적 근대>라고 했다. 그러나 다른 한편으로 서구의 근대는, 자연에 대한 합리적 지배와 이를 위한 기술 중심적 세계관을 추구했다. 즉 자연의 한계로부터 벗어나는 인간의 힘을 보여주자는 것이었다. 이를 <기술적 근대>라고 부른다. 기술적 근대는 인간의 자연에 대한 무차별적 착취를 가능하게 하였다. 하지만 19세기 후반과 20세기를 거쳐 오면서 서양인들은 이 두 가지 <근대>의 지향이 서로 화해하지 못하고 충돌하고 있음을 깨닫게 되었으며, 이러한 상호모순에 인하여 생긴 문제 중의 하나가 환경오염문제라 보고 있다.

환경에 대한 태도는 산업혁명의 발전과 함께 많은 사람들이 서구적인 환경관을 갖게 되었다. 그리고 과학기술과 산업이 발달함에 따라 더 많은 자원이 필요하여 석탄, 석유 등 각종 지하자원의 사용이 급격히 증가하였다. 농업의 발달은 과거보다 훨씬 적은 수의 인력으로도 많은 사람들을 부양할 수 있게 해주었고, 산업의 발달은 사람들을 농촌에서 도시로 모여들게 하여 도시화가 진전되었다. 도시에서 소비되는 거의 모든 물자는 주변 지역이나 멀리 떨어진 농촌, 삼림, 저수지 또는 광산 등에서 공급되고, 도시에서는 그만큼 많은 오염물질과 각종 폐기물을 생산하게 되었다.

오늘날 우리는 산업이 고도로 발달하고 자유경제 체제 사회에서 살고 있으며, 산업의 발달, 도시화, 물질적 풍요로움에 대한 이기적 태도 등으로 환경문제가 발생했다.

산업혁명 이후의 급격한 과학기술의 발달과 이에 따른 공업화, 산업화 그리고 인구증가에 따른 부산물의 증가는 자정작용을 훨씬 상회하는 대량의 오염물질을 배출·누적시켰다. 이 때문에 지구상의 오염은 급속히 악화되어 멀지 않은 장래에 인간의 생존 그 자체까지 위협받게 될 것이다.

유한한 자연 중에서 인간이 무한하게 이를 파괴하는 생산과 소비를 계속한다면 지구 상의 인간의 운명은 자명해진다. 오늘날 세계 각지에서 일어나고 있는 환경오염사건들은 장래 인류와 지구를 위협하고 있다. 따라서 오염문제는 단순히 국지적 차원의 문제가 아닌 지구적 차원의 위기로 인식하는 것이 바람직 할 것이다.

쾌적한 환경을 이룩하기 위해서는 물자와 에너지 사용의 증가율을 줄여 환경의 균형을 유지하고, 물자를 재활용해야 한다. 이보다 더욱 중요한 것은 우리가 환경을 지배할 수 있다는 생각을 버리고 우리 역시 환경의 일부분이라는 태도를 갖는 것이 무엇보다 중요하다. 이는 환경관의 일대 전환이라고 해도 좋을 것이다. 특히, 산업혁명 이후의 물질문명 위주의 가치관에서 자연을 중시하는 동양적 환경관의 접목이 요청된다.

현재 자연을 도구로 보는 서양에서는 최근 이에 대한 반동으로 환경보호운동이 거세게 일고 있으며, 1971년 캐나다 밴쿠버 항구에 캐나다와 미국의 반전운동가, 사회사업가, 대학생, 언론인 등 12명의 환경보호운동가들이 모여 결성한 국제적인 환경보호 단체인 그린피스(Greenpeace)가 그 대표적인 단체 중의 하나다. 반면 자연을 소중히 여기던 동양에서는 서양의 진보된 과학기술을 여과 없이 단시일 내에 받아들이는 과정에서 과학기술이 자연과 인간에게 미치는 해악을 생각해 볼 여유도 없었다. 우리나라의 경우 그 대표적인 사례가 1991년의 〈낙동강 페놀사건〉과 2012년 9월에 발생한 일어난 〈구미 플루오린화수소(불산) 누출사고〉 등이다.

이 시점에서 중요한 것은 지구는 하나밖에 없는 우리 인간들의 보금자리임을 명심하여 이를 지키고 가꾸는데 각별한 주의와 관심을 가져야 한다.

환경윤리

051

환경윤리

인류의 시작부터 지금에 이르기까지 인간과 환경의 상호작용은 지속되고 있다. 이러한 상호작용은 과학기술의 발달에 따라 변화를 거듭하고 있으며, 그 결과 인간이 환경에 끼치는 영향은 지속적으로 확대되고 있다. 이로 인해 환경에 주는 부하(負荷)는 일시적이고 지역적인 수준을 넘어서 나라에서 나라로 전파되고 자손에게 대물림되는 수준까지 확대되고 있다. 이러한 상호작용의 불균형은 인류가 화석연료를 사용하면서부터 급속히 진행되기 시작했다. 인류가 살아온 장대한 역사 속에서 불과 몇 세기 만에 인류의 인구는 순식간에 몇 곱절로 증가하게 되었다. 이로 인해 자연자원은 파괴되고 고갈되어 가고 있으며, 수많은 생물들이 멸종되고 유독 물질들은 축적되어 미래세대의 삶까지 위협하고 있는 실정이다. 오늘날 지구환경을 위협하는 문제들로는 오존층파괴, 지구온난화, 사막화 그리고 환경호르몬 등 이루 말로 열거하기가 힘들 정도로 많다.

이러한 현시점에서 인간은 환경에 대한 윤리학적·철학적 문제를 고려하지 않을 수 없게 되었다. 많은 이들은 21세기를 개발과 환경사이의 상호의존과 공존·공생이라는 범지구적 변화로 규명되는 새로운 시대에 접어들었다고 믿고 있다. 이러한 시기에 진입함에 있어서 우리가 직면한 가장 중요한 과제 중의 하나는 이 지구상에서 환경과 인간과의 관계에 관한 올바른 철학적·윤리적 자의식을 가지고 지적으로 관리하는 것이라고 볼 수 있겠다. 이러한 과제를 잘 풀어나가기 위해서는 새로운 환경윤리가 반드시 포함되어야 한다. 자연주의 사상가이자 실천가인 알도 레오폴드(Aldo Leopold)는 「대지윤리(The Land Ethics)」라는 환경문제의 이론적 근거를 제공하면서 '환경문제는 그 자체가 원래 철학적이므로, 환경개혁에 대해 큰 희망을 가지기 위해서는 철학적 해결책이 필요함'을 역설하기도 했다.[1] 여기서 대지(大地)라 함은 단순한 토양이 아니다. 그것은 토양, 식

---

1 Leopold, A., 1949, A Sand County Almanac. Oxford University Press, New York.

물, 동물의 회로를 거쳐 흐르는 에너지의 원천[2]을 말한다.

환경윤리에 관해 언급하기 전에 倫理(윤리)에 대해 알아보자.[3]

윤리란 철학의 한 분야다. '윤리(ethics)'란 말은 관습을 의미하는 그리스어 'ethos'에서 나왔다. 이러한 의미에서 윤리는 관습적 행동의 지침이 되는 일반적인 신념, 태도, 혹은 표준을 가리킨다. 어떤 사회이든 자기 나름의 고유한 윤리를 갖는다. 그리스 철학에서부터 철학적 윤리학은 관습적인 것을 옳은 것으로 받아들이는 것을 거부했다. 철학의 분과로서 윤리학은 기존 관습에 대한 합리적인 비판 작업을 수행해 왔다. 이러한 윤리는 공동체, 교회, 사회, 직업 같은 집단에 의해 공유되는 가치기준의 집합이며, 윤리적으로 행동한다는 것은 그 집단의 가치기준에 따라 행동하는 것을 말한다.

도덕은 윤리문제에 관한 일정 문화의 지배적인 감정을 반영하기 때문에 윤리와는 다르다. 예를 들어 모든 문화에서 사람을 죽인다는 것은 두말할 것도 없이 비윤리적이다. 그러나 국가 간 전쟁이 발발했을 때 적을 죽이는 것은 아주 당연하게 받아들인다. 따라서 윤리적으로 볼 때 적을 죽이는 행위가 틀린 것이라고 해도 이 경우에 적을 죽이는 것은 도덕적인 행위가 된다. 전쟁을 치른 모든 국가는 그들이 행한 전쟁은 도덕적으로 문제가 없다고 한다.

환경윤리는 응용윤리학의 한 분야로서 환경에 대한 책임의 도덕적 기초를 탐구하는 분야라 할 수 있다. 환경과 관련된 윤리적 문제는 다른 윤리적인 문제들과는 다르다. 일반적으로 환경윤리는 인간과 자연환경과의 도덕적 관계에 대한 체계를 설명하는 것이라 할 수 있다. 환경윤리학은 도덕규범을 통해 인간의 자연에 대한 행위를 통제하고 제한시킬 수 있다. 그러나 무조건적으로 인간의 자연에 대한 행위를 통제하고 제한하는 것이 아니라 인간이 자연에 대해 어떠한 책임을 져야하는지 설명할 수 있어야 하며 책임의 정당성을 입증할 수 있어야 한다.

이러한 자연과 인간의 관계에 관해 인간중심주의, 생물중심주의, 그리고 생태중심주의 같은 다양한 환경윤리에 관한 이론들이 제시되었으며 그 내용은 다음과 같다.[4]

2   J.R. 데자르뎅, 1999, 환경윤리(김명식 옮김), 서울: 자작나무.
3   J.R. 데자르뎅, 1999, 환경윤리(김명식 옮김), 서울: 자작나무.
4   G.Tyler Miller, 2001, 환경과학개론(김종욱 외 옮김), 서울: 북스힐. pp.18-19.

먼저, 환경에 대한 인간중심주의(anthropocentric)는 모든 환경에 대한 책임감은 오직 인간의 이해관계에 의해 좌우된다는 이론이다. 이 이론은 서구의 근대적 자연관에 의거하여 인간의 가치만을 중요하게 인정하고 인간 이외의 다른 모든 자연의 존재들을 인간의 목적을 위한 수단으로 활용할 수 있다고 주장한다. 이는 인간은 다른 생물 및 모든 물질과 구별되는 유일한 존재, 인간만이 자율적 존재이며 가치를 선택하고 도덕적 행위를 결정할 수 있는 윤리적 존재라는 생각에 그 기반을 두고 있다.

데카르트는 인간을 세계에서 유일한 이성적 존재로 보았으며, 인간 이외의 자연의 모든 존재는 비이성적 존재라고 보았다. 이분법적 세계관을 통해 인간과 자연을 분리하여 인간을 자연보다 우월한 존재로 보았고 자연을 단순한 하나의 기계에 불과하다고 여겼다. 그래서 그는 이성을 지니지 않은 동물 또한 마찬가지로 기계에 불과하다는 동물 기계론을 주장하여 기계에 불과한 동물을 인간이 당연히 착취하고 이용할 수 있다고 믿었다. 더 나아가 인간중심주의는 지구가 인간의 삶을 지탱하기 위해 환경적으로 건강하고 친근하게 존재해야 하며, 인간의 삶이 지속적으로 윤택하기 위해서 지구의 아름다움과 자연자원이 보전되어야만 하는 간접적 의무를 포함하고 있다고 생각했다.

환경의 도덕적 책임감에 대한 그 두 번째 이론은 생물중심주의(bio-centric)다. 생물중심이론은 넓은 의미에서 모든 형태의 생명체는 반드시 존재해야 할 권리를 가진다는 것이다. 생물중심주의자들은 생명체의 가치에 대한 평가를 어떠한 기준에 따라 위로부터 그 순서를 정하기도 한다. 예를 들어 소수이지만 동물의 권리를 옹호하는 단체에 종사하는 사람들은 식물보다는 동물을 보호해야 할 책임이 더 크다고 믿고 있다. 다른 이들은 다양한 생물 종의 권리는 인간에게 어떠한 해를 주느냐에 달려있다고 생각한다. 그들은 모기나 쥐와 같은 사람에게 해로운 종들을 죽이는 것이 전혀 나쁘지 않다고 한다. 또 어떤 이들은 각각의 생물 종뿐만 아니라 하찮게 보기 쉬운 개개의 유기체들도 존재해야할 권리가 있다고 한다. 이처럼 인간은 인간의 행위로 인한 멸종과 죽음의 위기에서 어떤 형태의 종 혹은 개체를 보호해야만 하는가를 결정해야 한다. 하지만 이러한 상황에서 일관된 방침을 끌어내는 것과 윤리적으로 모순되지 않는 방안을 찾아내는 것은 현실적으로 어려운 일일 것이다.

세 번째 이론인 생태중심주의(eco-centric)는 〈모래땅의 사계〉[5]의 저자인 알도 레오폴드(Aldo Leopold)에 의해 제안되었다. 레오폴드의 이론적 출발점인 대지윤리(Land Ethics)는 생태학적 관점에서 땅은 더 이상 우리가 마음대로 이용해서는 안 되며 소유의 대상이 아니라 우리의 생존과 직결된 윤리적 대상이라는 것이다. 이는 인간의 이해관계에 대한 간섭 없이 환경 그 자체가 도덕의 직접적인 대상이 된다는 뜻이다. 생태중심주의에서는 환경이 직접적인 권리를 가지며, 도덕적으로 개개의 특질이 부여되었기 때문에 환경은 직접적인 의무와 고유한 가치를 지닌다. 즉 환경은 그 자체가 인간과 도덕적인 면에서 동격으로 취급된다. 이 이론에 따르면 인간은 생태계에서 더 이상 정복자가 아니며 어떠한 우선권도 가질 수 없고 훼손 또한 불가능하며 모든 생물과 동등한 지위를 부여받게 된다. 즉 과거 자연에 대한 우선권을 가지지 않았던 원시상태의 모습과 유사한 상태라 할 수 있겠다.

전통적인 정치·국가의 경계에 대한 의미가 희미해지고 범지구적으로 옮겨감에 따라, 다양한 환경에 대한 사고와 윤리가 발전되어가고 있다. 요즘 환경윤리에 관해 나타나고 있는 몇몇 새로운 사고는 인간은 자연의 일부이며, 자연의 개별적인 부분들은 서로 독립적이라는 사고에 기초하고 있다. 자연 공동체에서는 개개의 윤택한 삶과 종간의 유대를 통해 삶의 윤택함이 함께 엮어져 모두의 삶을 기름지게 한다. 현재 세계는 환경의 영역, 국가, 혹은 개인을 떠나 자연을 존중하고 지구를 지키고 또한 지구의 생명지원체계를 보호하고 제3세계국가와 미래세대를 돌보기 위하여 근본적인 환경 윤리적 책임감을 가져야한다는 인식이 증가하고 있다.

---

5 알도 레오폴드, 1999, 모래땅의 사례(이상원 옮김), 푸른숲.

조경을 위한

용어 에세이

스톡홀름 인간환경회의

　　미래를 향한 가장 중요한 질문 중의 하나는 "세계의 모든 국가들이 정치적인 견해의 다름을 무릅쓰고라도 환경문제 해결을 위해 공동으로 행동을 취할 수 있을까"일 것이다. 1972년 스웨덴의 스톡홀름에서 열린 유엔환경회의는 그 올바른 방향을 향한 첫 걸음이었다. 이 회의를 통해 유엔환경계획(UNEP)가 창설되었고, 이 기구에서 세계의 주요환경문제가 논의되었다. 두 번째 환경회의는 1992년 브라질의 리우 데 자네이로에서 개최되었다. 이 회의는 '리우환경회의'라고 부르며 스톡홀름 유엔환경회의 20주년을 기념하고 그 정신을 계승하기 위하여 새로운 여러 가지 국제적인 문제를 다루었다. 1997년 일본의 교토에서는 기후변화협약에 관한 회의가 개최되었다. 이어 리우 환경회담의 10주년을 기념하여 요하네스버그에서 제2차 지구정상회의가 열렸고, 2015년에는 제21차 유엔기후변화협약 당사국총회가 진통 끝에 신 기후변화 대응 체제를 마련한 '파리기후협정'에 합의했다.

　　지구에 살고 있는 하나의 종으로서 우리는 이러한 지구환경을 지키기 위한 여러 국제회의를 통하여 우리 공동의 환경문제를 해결하기 위하여 노력하고 있으며 이러한 노력을 통하여 지구적인 환경윤리를 획득할 수 있을 것이다.

　　1962년 미국 여성 해양생물학자 레이첼 카슨이 출간한 〈침묵의 봄(Silent Spring)〉은 20세기 환경학 최고의 고전으로, 이 책은 환경 문제의 심각성과 중요성을 우리들에게 최초로 경고하였다. 이 책에 따르면 미시간 주의 이스트랜싱市는 느릅나무를 갉아먹는 딱정벌레를 박멸시키고자 나무에 DDT를 살포했다. 가을에 나뭇잎이 땅에 떨어지자 벌레들이 그 나뭇잎을 먹었다. 봄에 다시 돌아온 울새들이 이 벌레들을 잡아먹었다. 그리고 1주일도 못돼 이스트랜싱의 거의 모든 울새들이 죽었다. 이 같은 사실을 폭로한 카슨은 그녀의 저서 〈침묵의 봄〉에 이렇게 썼다. "낯선 정적이 감돌았다. 새들은 도대체 어디로 가버린 것일까?" 이런 상황에 놀란 마을 사람들은 자취를 감춘 새에 대해 이야기했다. … 전에는 아침이면 울새, 검정지빠귀, 산비둘기, 어치, 굴뚝새 등 온갖 새의 합창이 울려 퍼지곤 했는데 이제는 아무런 소리도 들리지 않았다. 들판과 숲과 습지에 오직 침묵만이 감돌았다."[1] 그녀는 이 책에서 미국 내에서의 무분별한 DDT 사용에 대한 환경적인 영향과, 환경에 풀어진 화학물질이 생태계나 사람의 건강에 끼치는 영향을 논리적으로 설명하였다. 또 이 책은 DDT와 다른 살충제가 암을 일으킬 수 있다는 것과, 농업에 쓰는 화학물질이 야생동물과 여러 조류를 위협하고 있다는 점을 경고하였다. 이 책의 영향으로 마침내 1972년 미국 상원은 미국 내에서 유기염소 계열의 살충제이자 농약인 DDT(ClC6H4)2CH(CCl3)의 사용을 전면 금지하는 "연방 살충제, 버섯 및 곰팡이 제거제, 설치류 제거제에 관한 법안"을 통과시켰다. 한편 1970년 닉슨 행정부가 미국 환경보호청(Environmental Protection Agency)을 설립한 것도 카슨의 영향에 의한 것이었다. 그때까지는 미국 농무부가 농약의 규제와 농업에 관한 사항을 동시에 담당했었다.

20세기는 과학기술의 시대이자 석유문명의 시대였다. 200년 전 싹 튼 산업혁명의 꽃을 피우고자 20세기의 사람들은 자연과 거기서 나올 수 있는 에너지를 아낌없이 써버렸다. 그러나 20세기 후반에 접어들기 시작하면서 이와 같은 자연 낭비에 제동이 걸리기 시작했다. 특히 70년대 들어 세계인들은 이상하게 불길한 자연 현상들을 연달아 경험했다. 만년설과 빙하가 전 세계적으로 15%나 증가했다. 그린란드에서는 100년 만의 최저 온도가 기록됐다. 모스크바에는 수 세기 이래 최악의 가뭄이 들었고, 미국은 일련의 극심한 홍수를 겪었다. 일부 선각자들은 이 같은 현상이 인간의 탐욕과 공업화가 빚은 자연 파괴의 결과라는 점을 경고하기 시작했다.

스톡홀름에서 유엔환경회의가 처음 열리고 여기에 114개국이나 되는 나라의 대표들이 참석한 것은 사람들이 환경문제의 절박함을 깨달은 결과였다.

1972년 6월 5일, 스웨덴 스톡홀름에서 열린 제1차 유엔인간환경회의(United Nations Conference on the Human Environment, UNCHE)는 당시의 보통 세계인들이 보기엔 아주

---

1 레이첼 카슨, 2011, 침묵의 봄(김은령 옮김), 에코 리브르, p.26.

생소한 모임이었다. 이 회담이 열렸던 당시는 동서냉전시대로서 양 진영이 핵무기경쟁을 벌이고 있었다. "인간환경회의"라는 명칭도 새로운 것이었지만, 이런 낯선 주제 모임에 114개 국 1,200여 명이나 되는 대표들이 참가했다는 것도 당시로서는 정상이 아니었다. 11일 간에 걸친 회의는 논란으로 정회를 거듭했다. 회의장 앞은 연일 반전론자들, 공해-오염 피해자들, 고래 남획 근절을 요구하는 젊은이들의 항의집회로 분위기가 어수선했다고 한다. 그러나 이 회의는 자연에 관한 인간의 인식 체계를 근본적으로 바꾼 계기가 됐다는 점에서 훗날 학자들은 이 모임을 코페르니쿠스의 지동설에 비유했다.

스톡홀름 유엔환경회의 참석자들은 마지막 날 "지구는 하나"라는 제목의 인간환경선언문을 채택했다. 이듬해인 1973년부터 사람들은 스톡홀름회의 개막일이었던 6월 5일을 「세계환경의 날」로 지정하여 1년에 단 하루만이라도 지구와 환경을 생각하는 날로 삼아오고 있다. 우리나라에서도 1996년부터 6월 5일을 법정기념일인 '환경의 날'로 정했다.

리후환경회의

1992년 6월 3일 브라질 리우데자네이로에서는 사상 최대 규모의 국제회의가 개막되었다. "유엔환경개발회의(UNCED: United Nations Conference on Environment and Development)"란 공식 명칭의 이 회의는 정부 대표들이 참가한 지구정상회담(Earth Summit)과 민간 환경단체들이 개최한 지구포럼(Global Forum)으로 이루어졌다. 유엔은 1972년 스웨덴 스톡홀름에서 열렸던 최초의 세계적 환경회의인 "스톡홀름 유엔인간환경회의" 20주년을 기념하는 국제환경회의를 개최하기 위해 1989년부터 8차례나 대규모 준비회의를 개최하며 심혈을 기울였다.

지구정상회담의 경우 미국 등 114개국이 국가원수 또는 정부수반이 이끄는 대표단을 파견하는 등 178개국과 국제기구에서 8,000여 명이 참석했다. 지구포럼 역시 전 세계로부터 약 7,900개의 민간 환경단체가 참가했다. 보통 리우환경회의로 불리게 된 이 회의는 경제개발로 인해 날로 악화되고 있는 지구의 생태계를 보호하기 위해 마련된 것이었다.

리우환경회의는 지구온난화, 대양오염, 기술이전, 산림보호, 인구조절, 동식물 보호, 환경을 고려한 자연개발 등 7개 의제를 놓고 12일간 열띤 토론을 벌였다. 그 결과 "환경과 개발에 대한 리우선언"이 발표됐고 환경 문제 해결을 위해 실천해야 할 원칙을 담은 "의제 21(Agenda 21)"이 채택되었다. 또 기후변화방지협약, 생물다양성협약, 산림에 관한 원칙 등 국제협약이 체결되었으며 리우환경회의의 성과를 지속적으로 추진하기 위한 기구인 지속개발위원회(CSD)를 설치했다.

리우환경회의의 최대 성과는 개발과 환경보호라는 양립하기 어려운 목표를 동시에 추구하기 위해 "지속가능한 개발"(Sustainable Development)이라는 개념을 제시한 것이었다. 또 민간 환경단체들이 회의 기획 단계부터 참여했고 많은 나라가 이들을 정부대표단에 포함시킨 점도 고무적이었다. 리우환경회담에서 채택된 주요 내용은 '환경과 개발에 관한 리우 선언', '의제21', '산림 원칙', '생물다양성협약'과 함께 '기후변화에 관한 유엔 기본협약(UN Framework Convention on Climate Change, UNFCCC)'이라는 이름으로 체결되었다.

❶ 환경과 개발에 관한 리우선언은 지속가능한 개발을 위한 27개의 국가행동 원칙을 담고 있다. 이 선언은 후진국과 선진국의 합의에 의한 예비회담을 통해 구성되었으며, 후속 논의는 결론에 이르지 못할 것을 염려하여 더 이상의 협의가 없이 채택되었다.

❷ 21세기 지역, 국가, 나아가 전 지구적 행동계획인 의제 21(Agenda 21)은 현재의 환경문제를 언급하고 지속가능한 개발을 위한 수 백 쪽의 구체적인 행동계획을 포함하고 있다. 의제 21은 여러 국가들이 오랫동안 관여해온 유엔의 경제, 사회, 환경업무에 대한 "전 지구적인 행동계획"의 일치된 의견수립을 위한 절차에 관한 내용도 포함되어 있다.

❸ 지구정상회담의 세 번째 공식문서인 삼림원칙은 모든 종류의 삼림의 관리, 보존, 지속가능한 개발에 관한 전 지구적으로 일치된 의견을 위한 비법적으로 부여된 정부원칙을 천명한 것을 말한다.

❹ 생물다양성협약은 생물 종의 멸종을 방지하기 위한 협약으로, 주로 삼림보호를 목표로 한 것이다.

❺ 기후변화에 관한 유엔 기본협약은 지구온난화의 주범인 이산화탄소 같은 화석연료의 배출가스 규제를 목표로 한 협약이다.

조경을 위한

용어 에세이

교토의정서

교토의정서

    최근 몇 년 사이에 지구 전체가 이상 기후에 휩싸이고 있다. "지구 온난화"가 그 원인이라는 것은 모두가 인정하고 있으며, 대다수 학자들은 그 주범으로서 "온실가스", 그 중에서도 단연 이산화탄소를 꼽는다. 얼마 전 유엔은 "지구 온난화는 급속히 진행 중이며, 그 결말은 인류의 파국일 것"이라고 경고했다.

  금세기에 들어와 더욱 가속화된 산업화 현상은 석탄과 석유를 포함한 화석연료 사용의 급증으로 이어졌으며, 여기에서 배출되는 온실가스의 영향으로 지구온난화현상이 심화되고 해수면이 높아지며 이상 기후가 나타나는 등 심각한 기후변화를 일으키고 있다. 이러한 대기 중의 6대 온실가스, 즉 이산화탄소(CO_2), 메탄(CH_4), 아산화질소(N_2O), 수소불화탄소(HFCs), 과불화탄소(PFCs), 육불화황(SF_6)을 기후에 위험한 영향을 미치지 않는 수준으로 안정화하기 위해 채택된 것이 1992년 기후변화협약(UN Framework Convention on Climate Change, UNFCCC)이다. 우리나라도 1993년 기후변화협약에 가입했다.

  교토의정서는 유엔기후변화협약(UNFCCC)을 이행하기 위해 만들어진 국가 간 이행 협약으로, 교토기후협약이라고도 한다. 1997년 12월 일본 교토(京都)에서 개최된 UNFCCC 제3차 당사국 총회에서 채택되었으며, 미국과 오스트레일리아가 비준하지 않은 상태로 2005년 2월 16일 공식 발효되었다.

  세계적으로 지구 온난화에 대한 과학적 근거가 필요하다는 인식이 확산되면서 1988년 유엔환경계획(UNEP)과 세계기상기구(WMO)는 '기후변화에 관한 정부 간 협의체'(IPCC)를 설립하고, 1992년 6월 브라질 리우데자네이루 UN환경개발회의에서 이산화탄소 등 온실가스 증가에 따른 지구온난화에 대처하기 위해 기후변화협약을 채택했다. 이렇게 마련된 기후변화협약은 설차에 관한 규정 등 많은 쟁점들이 미결 상태로 남게 되어 또 다른 협상이 요구되었으며, 이것이 교토의정서 형태로 추진되었다.

주요 내용은 유럽연합(EU), 일본 등 지구온난화에 역사적으로 책임이 많은 선진국은 제1차 의무감축 기간인 2008~2012년에 1990년 배출수준과 대비하여 평균 5.2%의 온실가스를 줄여야 한다. 이러한 의무 감축국가를 부속서I 국가(Annex I)라 하며, 38개국이 포함되어 있다. 비부속서국가(Non-Annex)라 불리는 대부분의 개발도상국(한국·중국 포함)은 온실가스 의무감축국은 아니다. 그러나 한국의 경우 제2차 공약기간이 시작되는 2013년부터는 부속서I 국가로 분류되어 온실가스 배출량을 의무적으로 감축해야 할 가능성이 매우 높다.

교토의정서에서 온실가스 감축목표가 구체적으로 정해짐에 따라 온실가스를 효율적으로 감축하기 위해 배출권거래제도(Emission Trading)와 공동이행제도(Joint Implementation), 청정개발제도(Clean Development Mechanism)를 도입했는데, 이를 교토 메커니즘이라 한다. 이러한 제도들은 낮은 비용의 온실가스 감축사업을 통해 온실가스 감축에 소요되는 사회적 비용을 최소화시킴으로써 감축목표를 달성하려는 취지 아래 강구된 것들이다.

배출권거래제도는 어느 국가가 자국에 부여된 할당량 미만으로 온실가스를 배출하게 되면 그 여유분을 다른 국가에 팔 수 있고, 반대로 할당량을 초과하여 배출하는 국가는 초과분에 해당하는 배출권을 다른 국가로부터 사들이도록 한 것이다. 공동이행제도는 부속서I 국가가 다른 선진국의 온실가스 감축사업에 투자하여 얻은 온실가스 감축분을 자국의 온실가스 감축에 사용하는 방법이다.

청정개발제도는 선진국에는 감축비용 감소를, 개발도상국에는 재정 및 기술지원을 제공하는 제도로서, 선진국이 개발도상국 내에서 온실가스 감축사업에 투자하여 발생한 온실가스 감축분을 자국의 감축목표 달성에 사용하는 방법이다. 제재되는 6가지의 온실가스는 이산화탄소(CO_2), 메탄(CH_4), 아산화질소(N_2O), 과불화탄소(PFCs), 수소불화탄소(HFC), 육불화황(SF_6)인데, 이 가운데 배출량이 가장 많은 것이 이산화탄소이므로 일반적으로 배출권이라 하면 탄소배출권을 말한다.

교토메커니즘과 의무준수체계, 흡수원(산림)에 관한 세부절차는 2001년 11월 모로코의 마라케시에서 열린 제7차 당사국 총회에서 일부 타결되었고, 2004년 12월 아르헨티나 부에노스아이레스에서 열린 제10차 당사국 총회에서 최종 타결되었다.

2013년 폴란드 바르샤바에서 열린 19차 당사국 총회에서 모든 나라가 2020년 이후의 '국가별 온실가스 감축기여 방안'(INDC)을 자체적으로 결정해 2015년 파리에서 열린 COP21 개최 전에 UNFCCC 사무국에 제출하도록 합의했다.

요하네스버그
지속가능발전 세계정상회의

2002년(8.26~9.4) 남아프리카공화국의 요하네스버그에서는 제2차 지속가능한 개발을 위한 세계정상회의(World Summit on Sustainable Development: WSSD)가 개최되었다. 이 회의는 1992년 리우회의에서 채택된 리우선언과 의제 21(Agenda 21)의 성과를 평가하고 미래의 이행전략을 마련하기 위한 것으로, 106개국에서 국가원수급 대표단과 189개 유엔 회원국 정부 및 비정부기구(NGOs) 대표단 6만여 명이 참석하였다. 리우회의가 열린 지 10년 만에 개최되었다고 해서 '리우+10 회의'라고도 부른다.

리우회의 이후 10년 동안 환경파괴와 자원고갈 및 빈곤문제는 더 심화되고 개도국에 대한 재정지원과 기술이전이 실현되지 않는 등 리우회의에서 약속했던 목표는 제대로 달성되지 못했다. 리우선언과 의제 21에 구체적인 이행수단이 마련되어 있지 않아 약속을 지키는 데 일정한 한계가 있었기 때문이다.

요하네스버그회의는 이를 보완하기 위해 빈곤, 물 부족, 보건위생, 대체 에너지원, 무역불균형 등 다양한 의제에 대해 구체적인 실천방안이 포함된 선언문과 이행계획을 세운다는 목표하에 개최되었다. 이 회의에서는 특히 빈곤퇴치를 주요의제로 삼고 개도국에 대한 재정 지원, 무역불균형 시정 등 개도국의 빈곤 심화를 막기 위한 여러 가지 논의가 있었다. 그러나 선진국과 개도국의 대립, 미국의 비협조 등으로 합의를 이루는 데에는 많은 어려움이 있었다.

요하네스버그회의는 깨끗한 식수와 위생시설에 접근하지 못하는 세계 인구를 감축하고 빈곤퇴치를 위한 세계연대기금(WSF)을 설립하는 등 빈곤퇴치와 화학물질 사용 억제, 자연자원의 보전·관리에 중점을 둔 이행계획을 채택했다는 점에서 일정한 성과를 거둔 것으로 평가되고 있다. 그러나 애초의 목표와는 달리 이행계획에 구체적 실천방안과 이행시한이 제시되지 못했다는 점에서 단순한 정치적 선언에 지나지 않는다는 비난도 따르고 있다. 대체에너지 사용의 경우 EU와 미국 간의 의견 대립으로 목표연도나 사용비율이 설정되지 못하였고, 모든 수출 보조금을 단계적으로 축소한다는 부국들의 입장은 재확인한 반면, 개발원조의 목표(국민소득의 0.7% 제공) 달성의 구체적 시한을 설정하지 않는 등 이행계획을 실제로 이행하기 위한 조치가 뒷받침되지 못하였기 때문이다. 이로 인해 세계야생동물보호기금(WWF), 그린피스, 지구의 친구들 등 국제환경단체들이 크게 반발을 하였다.

파리협정

056

파리협정[1]

　　지구온난화를 막고자 2015년 12월 12일 195개 유엔 기후변화협약 당사국은 파리인근 르부르제 전시장에서 2020년 이후 새로운 기후변화 체제 수립을 위한 최종 합의문에 서명했다. 1997년 채택된 교토 의정서는 선진국에만 온실가스 감축 의무를 지웠지만 파리 협정은 선진국과 개도국 모두 책임을 분담하기로 하면서 전 세계가 기후재앙을 막는 데 동참하게 되었다. 당시 외신들은 파리협정 채택 소식을 '역사적인' 순간이라고 표현하였고, 반기문 당시 UN 사무총장은 '인류와 지구를 위한 기념비적 승리'라고 자축하였다. 파리협정의 별칭은 '신(新) 기후체제'로 전 세계가 뜻을 모은 국제조약인 'UN기후변화협약(이하'기후변화협약' 또는 '협약')'의 2020년 이후를 담당하게 될 하부 조약이다. 그간의 기후변화협약은 주요 선진국에게 온실가스 배출의 역사적 책임을 묻기 위해 온실가스를 줄이고 개발도상국이 온실가스를 적게 배출하며 지속가능발전을 도모할 수 있도록 지원하는 의무를 담당했다. 특히 교토의정서(Kyoto Protocol)라는 하부 조약을 통해 2008년에서 2020년 사이 12년 동안 '차별화된 책임' 중심의 이행체제였다. 그러나 일부 선진국의 감축 의무 부담 거부와 개도국의 급격한 온실가스 배출량 증가가 복합적으로 작용하여 전 지구적 온실가스 배출량이 급증하는 한계에 봉착하였다.

　이에 심화되는 기후 위기에 함께 대응하기 위한 새로운 체제가 필요하다는 데 공감대가 형성되었고, 2011년부터 4년간의 협상 끝에 '2020년 이후에 모든 국가에 적용되는 새로운 조약'인 파리협정이 탄생하게 되었다. 수 십 년에 걸친 협의 끝에 마련된 이 협약은 국제사회가 함께 공동으로 노력하는 최초의 기후 협정이다.[2]

　이번 협정에는 산업화 이전(1850년대) 대비 지구의 평균 온도상승을 '2도보다 훨씬 아

1　"첫 기후대응체제 출범", http://news.khan.co.kr/kh_news/khan_art_view.html?artid=201512132
　　055095&code=990101&s_code=ah669 2024년 2월 9일 검색.
2　환경부, 2022, 파리협정 함께 보기.

래로 유지하고, 장기적으로 1.5도 이하로 제한하기 위해 노력한다'는 내용이 포함되었다. 금세기 후반 이산화탄소 순 배출량을 '0'으로 만든다는 것도 의미심장한 진전이라고 할 수 있다. 파리 협정은 화석연료 시대의 종식을 선언한 것이다. 온도 상승폭을 제한하기 위해 한국을 포함해 180개국 이상은 이번 총회를 앞두고 2025년 또는 2030년까지 온실가스를 얼마나 줄일 것인지 감축목표(INDC)를 유엔에 전달했다. 이번에는 각국이 정한 온실가스 감축 목표를 5년마다 검토하는 검증시스템을 마련하였다. 그리고 당사국들은 합의문에서 금세기 후반기에는 인간의 온실 가스 배출량과 지구가 이를 흡수하는 능력이 균형을 이루도록 촉구했다. 온실가스를 좀 더 오랜 기간 배출해온 선진국이 더 많은 책임을 지고 개도국의 기후변화 대처를 지원하는 내용도 합의문에 포함됐다. 선진국은 2020년부터 개도국의 기후변화 대처 사업에 매년 최소 1천억 달러(약 118조 1천 500억 원)를 지원하기로 했다. 이 협정은 구속력이 있으며 2023년부터 5년마다 당사국이 탄소 감축 약속을 지키는지 검토하기로 했다. 하지만 협정문을 보면 우선 당사국이 온실가스 감축 목표를 자발적으로 정할 수 있게 함으로써 근본적인 한계를 드러냈었으며, 감축안 제출 뒤 검증을 받지만 당사국이 정한 감축 목표는 개입할 수 없는 등 법적 구속력이 거의 없다. 그러니 각국이 임의로 감축 목표를 바꿔도 제재할 법적인 장치가 없다. 지금까지 세계 187개국이 제출한 자발적인 온실가스 감축량만으로는 지구의 평균온도를 2.7도 상승으로 묶을 수 있을 뿐이다. 국가별 감축 목표를 강제하지 못하면 이번 협정의 최종 목표인 1.5도 이하는커녕 2도 이하 목표도 구두선에 불과하다고 한다. 그러나 파리협정은 공멸의 위기감을 느낀 국제사회가 총회 일정을 늦추면서까지 얻어낸 첫 성과였다. 이로서 우리나라도 거스를 수 없는 신 기후체제의 틀에 적극 동참하게 되었으며 선진국과 개도국 사이에서 적극적인 리더십을 발휘해야 할 때가 되었다.

조경을 위한

용어 에세이

바람길

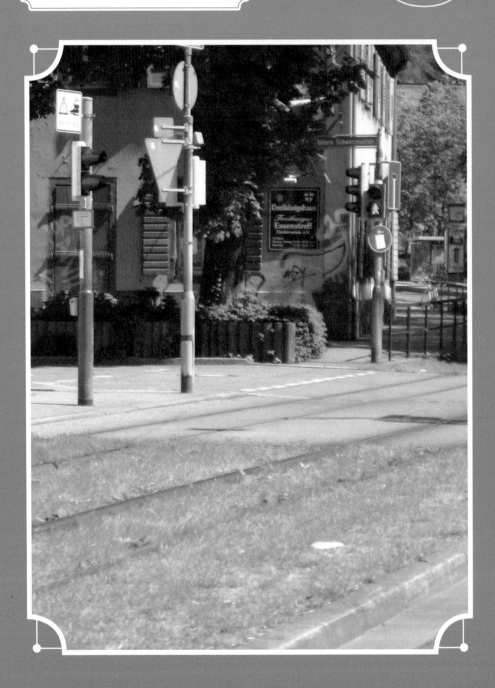

057

바람길

　　바람길은 공원녹지와 물, 오픈스페이스의 연결을 기반으로 도시 내에 산이나 바다로부터의 차고 신선한 공기를 흐르는 길을 만들어 도심으로 신선한 공기를 공급하도록 하는 '찬바람통행로'를 말한다. 숲에서 발생하는 신선하고 차가운 공기가 도시 내의 뜨거운 공기를 밀어 올리면서 오염물질을 확산시키는데, 이러한 과정을 통하여 도시의 온도가 저하되고, 대기 순환이 촉진된다. 이를 활용하기 위해서는 도시주변의 산에서 찬바람이 발생하는 곳을 찾아내야 하고 이 찬바람이 다니는 길을 파악하여 그것을 바탕으로 녹지계획을 수립하여 바람통로를 세심하게 조성하는 것이 필요하다. 건축물의 배치, 층수, 건물의 간격 등을 적절하게 조절해서 도시 내에 대기의 원활한 소통이 이루어질 수 있도록 해야 한다. 공원녹지는 국지적인 기상조건을 바꾸는데 수목이 차가운 산소를 내뿜기 때문에 숲 및 공원녹지에서 나오는 공기는 시가지의 대기보다 온도가 낮다는 것이 여러 연구에서 밝혀졌다. 바람길은 독일에서 가장 활발하게 계획되고 실행되고 있다. 독일에서의 바람길은 대부분의 도시에서 도시 전체의 대기오염문제와 열섬현상 등과 같은 환경문제를 완화시키는 천연의 환경대책으로 그 가치를 높게 평가받고 있다. 독일의 각 도시들은 지역의 특성에 맞게 바람길 조성 현황을 파악하기 위하여 다양한 방법을 개발하고 이를 활용하기 위한 계획을 수립하여 시행하고 있다. 특히 1960년대 이후부터 독일 특유의 엄격한 도시계획과정에 바람길 조성과 활용을 위한 요소를 반영함으로써 보다 적극적으로 차고, 신선한 바람(Kaltluft, Frischluft)을 시가지 내로 유입하기 위해 각별한 관심을 현재까지 두고 있다.

　　슈투트가르트시는 독일을 대표하는 중요한 공업도시로서 바덴뷔르템부르크주의 주도다. 슈투트가르트시의 면적은 207㎢이며, 인구는56만여 명, 인구밀도는 2,700/㎢로서 비교적 과밀하다. 슈투트가르트시의 시가지면적은 지난 1900년에는 전체 도시면적의 6%에 불과했으나, 1950년에 28%, 1990년에 이르러 48%로 도시화가 급속하게 이루어져 오늘에 이르고 있다. 이러한 급격한 시가지면적의 확대로 인하여 녹지면적은 대폭 감소하여 도시 전체의 환경문제를 가중시키는 원인이 되었다. 이러한 토지이용 변화의 근본적인 원인은 인구증가에 있으며 인구증가는 토지이용의 과밀화를 가져와 시가지 내의 대기 순환을 어렵게 하고 과도한 에너지 사용과 교통량을 유발시켜 열섬현상과 같은 도시 전체의 기후조건을 변화시키는 원인을 제공했다.

슈투트가르트시는 이러한 바람길 조성과 활용을 활성화시켜 도시 내·외곽의 녹지를 잘 보전하고 시 특유의 지형적 조건에 따른 바람길을 잘 활용하여 고질적이던 대기오염문제를 개선할 수 있었다. 1976년과 1979년에 독일 연방건설법(Bundesbaugesetz) 개정을 통하여 도시의 환경보호와 환경문제해결을 위한 바람길 조성 활용에 관한 법적 및 개발 사례를 다양하게 보여주고 있다.

슈투트가르트시에서는 바람길을 파악하여 시가지로의 찬 공기를 유입시키기 위한 노력을 오래전부터 다양하게 시도하였다. 가장 두드러진 것은 이러한 바람길을 활용하여 도시개발을 유도시키기 위한 제도적 차원의 내용이라고 하겠다. 상위개념의 토지이용계획(F-Plan)에서 이미 도시 전체를 대상으로 바람길 활용에 대한 기본지침을 제시하고 있으며, 이 지침에 따라 실제 도시개발수단인 지구상세계획(B-Plan)에서는 구체적인 규제방안이 강구된다. 이들 규제방안 가운데 몇 가지를 소개하면 다음과 같다.

먼저 도심에 가까운 언덕부에서는 녹색의 보전·도입·교체 이외의 신규 건축행위를 금지한다. 도시중심부의 바람길이 지나가는 지역의 건축물은 5층을 상한선으로 하고 건물의 간격은 최소 3m 이상으로 한다. 바람길이 되는 큰 도로와 공원은 100m의 폭을 확보한다. 바람길이 지나는 산림에는 바람이 빠져나갈 통로를 만든다. 교목을 밀식하여 신선하고 차가운 공기를 잘 생성할 수 있는 공기저장 댐을 만들어 공기흐름이 강력하게 확산될 수 있도록 한다. 주차장도 콘크리트로 노면을 처리하지 말고 생태블럭을 깔아 식물이 살 수 있도록 한다. 가능하면 도시의 지표면을 녹지로 유지하여 습도를 유지하여 건조되지 않도록 한다. 슈투트가르트시는 이러한 바람길을 활용한 개발을 아젬벨트지역과 중앙역 재건축 등에 다양하게 고려하여 친환경적 도시 개발을 추진하고 있다. 그 중 하나가 옥상녹화 사업이다. 독일의 녹지개념은 건축물을 지으면서 땅을 훼손한 만큼 지붕에라도 그만큼 회복하라는 사고가 깔려 있다. 시내 밀집지역의 온도를 낮추기 위해 하늘공원이라 불리는 녹색지붕을 조성해 놓았다. 도심 대기오염의 해소를 위해 공공기관부터 옥상녹화를 시작하여 16만여㎡의 면적에 옥상 녹지대를 형성하였고 민간까지 확대하는 정책을 시행하여 한낮의 열기를 막아내고 있다. 특히 시내를 관통하는 전차 선로에도 자갈 대신 잔디를 심어 도심 온도를 낮추고 있다. 이 사업은 기존 전차 선로 230㎞ 가운데 40㎞가 조성돼 있다. 기존의 자갈이 깔린 선로를 뜯어내려면 비용이 많이 들기 때문에 현재 새로 조성되는 전차선로에만 녹지대를 조성하고 있다.

슈투트가르트의 교훈

058

슈투트가르트의 교훈

　　제임스 코너는 공원과 오픈스페이스와 같은 전통적 도시경관은 미적인 공간을 넘어 생태적 용기 또는 통로로서의 가능성을 제시하면서 독일 슈투트가르트의 녹지통로를 그 좋은 예로 제시하였다. 코너가 예로든 슈투트가르트의 녹지통로는 도시 주변 산지의 신선하고 차가운 공기를 도시 안으로 끌어들이는 바람의 통로로 도시의 대기오염을 개선하고 열섬으로 뜨거워진 도시를 시원하게 해주는 역할을 한다.

　　슈투트가르트[1]는 독일을 대표하는 중요한 공업도시로서 바덴-뷔르템베르크주의 수도이다. 슈투트가르트의 면적은 207㎢이며 인구는 56만여 명에 달하고 인구밀도는 2,700명/㎢로서 과밀지역이다. 슈투트가르트 시 토지이용변화의 근본적인 원인은 인구증가였다. 인구증가는 토지이용의 과밀화를 가져와 시가지 내의 공기순환을 어렵게 하고 과도한 에너지 사용과 교통량을 유발시켜 도시 전체에 대한 대기오염을 가중시키고 열섬현상과 같은 국지적인 기후조건을 변화시키는 원인이 되었다. 슈투트가르트의 기후는 시가 위치해 있는 네카 분지의 자연지형조건에 크게 영향을 받고 있다. 슈투트가르트는 전체적으로 북동쪽을 제외하고는 삼면이 높은 산으로 둘러싸여 있어 도시 전체의 공기순환이 어려운 조건을 갖고 있다. 슈투트가르트의 북쪽은 비옥한 농경지이며, 남쪽은 적토층으로 이루어진 산지가 시의 남부까지 이어져 있다. 시의 동쪽과 서쪽에는 도시림(슈르발트 Schurwald와 슈바르츠발트 Schwarzward)이 펼쳐져 있다.

　　장기적인 관점에서 우리가 슈투트가르트에서 우리가 배워야 할 교훈은 먼저 장기간의 기상 데이터의 축적과 분석을 통한 도시계획을 위한 기후분석도의 작성과 활용이다. 도시기후를 구성하는 온도, 습도, 바람 등 각종 인자의 측정·분석을 통해 토지이용 시 도시기후 변화 영향을 예측할 수 있는 기후분석도의 작성이 필요하다. 이러한 기

1　김수봉 외, 2006, 친환경적 도시계획 도시열섬연구, 문운당, pp.45-63.

후분석도를 향후 친환경적인 도시계획 수립에 적극 반영해야 한다.

다음으로 도시 토지이용형태지도의 작성과 활용이다. 도시의 토지이용을 구분한 도시 토지이용형태지도는 지면의 거칠기와 토지피복 같은 지표면의 특성에 다른 찬바람 생성력의 차이를 국지별 지형적 조건에 따른 바람길 조성에 이용할 수 있다.

세 번째로 제도적 장치의 개선이다. 무엇보다 바람길을 다루는 전문부서의 설치와 관련 부서 간 업무협력체계의 강화가 필요하다. 관련법규와 제도 내용의 구체적인 보완이 필요하며 관련 자료의 장기적인 보완이 필요하다. 이를 위한 체계적이고 종합적인 연구수행기관의 지정이 필요하다.

이상의 세 가지는 시간상으로 제약이 많고 도시기후와 도시계획, 건축, 환경 등 다른 타 부서와의 협력 등 난관이 예상되는 장기적 과제라고 생각된다.

마지막으로 단기적으로 현재의 미세먼지 줄임과 같은 목적을 달성하기 위한 방법을 제시해본다. 이미 여러 연구에서 바람이 생기는 곳이 도시의 산지 중 어느 곳인지가 밝혀졌다고 해서 이 바람을 도시로 끌어들인다는 생각은 그렇게 쉽지 않다. 각종 도시계획이나 건축 관련 법규가 발목을 잡기 때문이다.

현재 산림청에서 진행 중인 '바람길숲 프로젝트'의 성공을 위해서는 미세먼지나 대기오염이 심한 지역을 환경관련 부서의 협조를 얻어 지역을 선정하고 그곳에 찬바람이 생길 수 있는 '도시숲'을 조성하고, '도시숲'에서 만들어진 신선하고 찬바람이 열섬이나 대기오염 문제를 해결할 수 있도록 유도해야 한다. 일단 도시숲이 조성되면 그곳에서 차고 신선한 공기가 생성되고 그 공기는 여름철 그 주위의 기온을 낮추고 미세먼지와 같은 대기오염을 저감시켜준다. 따라서 우리가 슈투트가르트에서 배워야 할 점은 차고 신선한 바람을 만들고 도시를 미세먼지의 위협으로부터 시민을 지키기 위해서는 소위 '냉섬'과 같은 '녹색인프라'를 미세먼지 발생 지역이나 열섬이 심한 지역에 많이 조성하여야 한다. 슈투트가르트는 도시의 허파나 다름없는 녹지비율이 전체 도시면적의 25%를 차지함을 기억해야 한다. 교목을 밀식하여 신선하고 차가운 공기를 잘 생성할 수 있는 '공기저장 댐'을 만들어 찬 공기의 흐름이 강력하게 확산될 수 있도록 유도한다. 콘크리트나 아스팔트로 뒤덮인 도시의 주차장도 생태 블럭을 깔아 식물이 살 수 있도록 하고, 가능하면 도시의 모든 지표면을 녹지로 유지하여 습도를 유지하여 건조되지 않도록 유도해야 한다. 바람직한 '도시숲'의 형태는 옥상녹화나, 벽면녹화, 생태 주자창처럼 도시의 열을 낮추거나, 부지가 확보된다면 대규모 교목의 식재를 통한 예전 '마을숲'과 같은 '찬바람생성공원'을 조성하여 찬바람을 저장하는 댐을 확보해야 한다. 슈투트가르트처럼 바람길이 되는 큰 도로와 공원은 100m 이상의 충분한 공간을 확보하고, 바람길이 지나는 산림에는 바람이 빠져나갈 바람의 통로를 만들어야 한다. 이렇게 우리나라에서도 각시도의 바람숲길 담당자들의 능력으로 수행가능하며 시민들이 체감할 수 있는 '바람길숲' 조성 작업을 우선 시행해야 한다.

생태학자 오덤(Eugine P. Odum)은 일찍이 숲을 생명을 유지하는 중요한 생태계인 '생명유지체계'라고 말한 바 있다. 산림청의 '바람길숲'은 도시의 생명을 유지시키는 '생명유지체계'라는 관점에서 옥상녹화나, 벽면녹화, 생태주자창 그리고 '찬바람생성공원' 등의 모습으로 도시 곳곳에 많이 조성되어야 한다. 바람길숲의 조성으로 뜨거운 도시의 여름 속으로 차고 신선한 바람이 불어드는 '시원하고 쾌적한 생명 숲을 가진 도시'를 기대한다.

옥상녹화

059

옥상녹화

　　세계의 여러 도시들은 도시민의 건강을 위협하는 도시생태계 변화나 '도시열섬' '열대야' 같은 환경문제를 해결하기 위해 노력하고 있다. 특히 도시 내에 여러 가지 형태의 녹지를 도입하는 방안을 모색하고 있는데 그중 하나가 '옥상녹화'사업이다.

　　필자의 연구에 따르면 옥상녹화에 대한 시민들의 만족 정도는 '공기정화를 통한 상쾌함'과 '스트레스 해소', '옥상정원의 텃밭을 이용한 수확의 기쁨' 등이 높은 비중을 차지하고 있어 옥상녹화사업의 타당성을 입증하고 있다. 특히 옥상정원에서의 식물 재배 활동은 도시농업 활성화를 유도하고, 도시민에게 도시생태농업의 기회를 제공하며 부가적인 수입과 더불어 도심의 녹지면적 확대 효과까지 있다.

　　우리나라의 도시는 근대화와 산업화로 인해 개발면적은 해마다 증가하는 반면 녹지면적은 계속해서 줄어들고 있는 추세이다. 도로와 건축물의 증가는 녹지공간의 감소와 불투수층 면적의 증가로 이어졌고 이는 도시열섬현상(Urban Heat Island, UHI)과 도시홍수 등의 환경문제를 야기하고 있다. 이러한 도시환경문제로 발생된 비정상적인 도시생태계와 도시 미기후를 개선하기 위해서는 작은 면적의 녹지라도 조금씩 확보해 나가는 것이 시급한 실정이다. 하지만 기존의 건축물 및 시가지내 밀집된 공간구조와 도심의 높은 지가로 인하여 도시공원과 같은 양의 녹지면적을 확보하기란 결코 쉬운 일이 아니다.

　　옥상녹화는 도시 내 환경을 개선하고 녹지를 확충하며 도시기후의 조절과 도시열섬 현상 완화 및 에너지 절약을 위한 하나의 대안으로 고려되고 있다.

　　옥상녹화란 옥상, 지붕은 물론 지하주차장 상부와 같은 인공지반을 인위적으로 녹화하는 기술을 말하는데 국토해양부의 조경기준에 따르면 옥상조경은 인공지반조경 중 지표면에서 높이가 2m 이상인 곳에 설치한 조경으로 기술되어 있다.

　　옥상녹화는 일반적으로 토심을 20cm 이하로 하고 인공경량토를 사용하며 관수, 예초, 시비 등의 관리는 최소로 할 수 있도록 유지관리가 어려운 기존의 건축물의 옥상이나 지붕을 주로 활용하는 '저관리·경량형'과 토심 20~60cm 이상 다층식재에 유리하며 관수, 시비 그리고 전정 등의 관리가 필요한 '관리·중량형' 그리고 저관리를 지향하면서 관리·중량형을 단순화시킨 '혼합형' 옥상녹화로 분류한다.

옥상녹화의 활성화를 위한 법제 개선 방안에 관한 연구를 살펴보면 주로 국외 선진 옥상녹화 사례 및 제도를 중심으로 한 연구와 건축법 등의 옥상녹화 관련 법규를 중심으로 한 연구, 지방자치단체의 옥상녹화관련 조례를 중심으로 한 연구 등이 주류를 이룬다.

어떤 연구는 독일, 북미, 일본의 옥상녹화를 소개하면서 우리나라는 옥상녹화 활성화를 위해 보다 적극적 홍보와 지원이 있어야 함을 지적하였고, 또 다른 연구는 일본의 옥상녹화 지원제도를 살펴보고 식물지원이나 기술지도 등의 필요성에 대하여 제안하고 있다.

건축법 등의 옥상녹화 관련 법규를 중심으로 한 연구에서는 건축법상에 언급된 옥상녹화면적을 대지 내 조경면적에 합산해주는 내용이 지상의무 조경면적을 회피하기 위한 수단으로 이용되고 있는 점을 지적하며 지상조경과 옥상조경의 차별화를 통한 옥상녹화 활성화 유도방안을 제시하였으며. 또 다른 연구에서는 '건축법', '도시공원 및 녹지 등에 관한 법률' 등의 국가 상위법이 옥상녹화와 관련하여 어떻게 정비되어 있는지 그 경향들을 파악하고 옥상녹화를 법률에서 직접 규정할 것을 개선안으로 제시하였다.

다른 연구는 서울, 대전, 대구, 부산, 광주 등의 지방자치단체의 옥상녹화 관련 조례를 분석하며 조례상에 보조금 제도, 세금감면, 저금리 융자 등 옥상녹화 지원의 확대가 필요하다고 주장하였다. 다른 연구는 지방자치단체의 조례상에 언급이 되어있는 옥상녹화의 지원에 대한 내용을 언급하며 조례에 근거한 사업추진 방안 및 지침을 마련하는 것이 필요하다고 지적하고 있다.

이러한 옥상녹화의 활성화를 위한 법제 개선 방안에 관한 연구들은 언급하고 있는 법제의 범위는 조금씩 차이를 보이지만 공통적으로 구체적이지 않으며 대부분 관련 법제 조항에 언급된 내용의 개선에 대하여 언급하고 있으며 옥상녹화 관련 조례의 신설이나 전체적인 조례의 방향성 제시에 관한 연구는 전무한 실정이다.

이러한 맥락에서 정책 시행의 관례상 상위법에서 도시환경개선을 위한 옥상녹화 관련 정책을 제시하게 되면 그에 맞도록 지방자치단체에서 조례를 통하여 관련 계획을 구체적으로 수립하고 시행하여야 한다. 그럼에도 불구하고 대부분 지방자치단체의 조례가 상위법과 큰 차이 없이 실행력이 매우 낮거나 간접적인 언급에 그치고 있다.

한편 국외의 옥상녹화 관련 법제의 선진사례를 살펴보면 식물생육에 열악한 옥상환경의 특성에 따라 독일과 싱가포르의 경우 옥상녹화자재, 특히 식물소재에 대한 표준화 연구를 통하여 각 지역에 적합한 식물재료의 개발과 적절한 관리의 중요성에 대하여 명시하고 있으며 이를 옥상녹화의 지침서로 활용하고 있다. 하지만 국내 주요 도시의 옥상녹화관련 조례에서는 지역 환경을 고려한 식물소재에 대한 연구나 지침서의 언급이 전무하며 일부 기초자치단체의 조례상에 관련 내용을 명시하고 있는 것이 전부이다.

옥상녹화의 활성화를 위하여 조례의 개선과 함께 각 지역 환경에 적용이 가능한 식물소재의 표준화 연구가 필요하다. 아울러 옥상녹화 발전을 위해서는 '옥상녹화 제도 및 정책과 시스템(기술)'이 가장 중요하다. 그러나 이를 위한 정부 및 지자체의 제도 및 정책에 따른 인센티브 등이 옥상녹화의 보급에 영향을 크게 미치는 것으로 판단[1]되나 아직 기대에 못 미치고 있다.

일본은 2001년부터 자연보호조례에 따라 1천㎡ 이상의 대지에 건물을 신 축, 증축, 개축할 경우, 지상과 옥상의 일정비율을 녹화하도록 의무화했다. 대신 다양한 인센티브 및 사업비 지원 등 제도적 뒷받침과 각종 지침서와 가이드를 통해 녹화사업의 활성화를 도모하고 있다.

필자가 살고 있는 대구시는 2016년의 경우 환경부 예산을 확보하거나 옥상녹화에 들어가는 비용의 50~80%를 지원하여 옥상녹화를 통한 온실가스 감축과 기후변화 적응을 위하여 노력하고 있다. 예전의 대구시가 지금까지는 지상의 녹화사업으로 녹색환경도시라는 명성을 얻었다면, 이제부터는 대구만의 '옥상녹화사업'을 위한 각종 제도 및 정책의 보완을 통해 '정원 속의 도시'로 거듭나야 한다.

---

1 장성완 외, 2008, 한국과 일본의 옥상녹화 동향분석 및 비교, 한국환경복원녹화기술학회지 11(6): 143-152.

조경을 위한

용어 에세이

지속가능한 정원

http://frozenray85.tistory.com/603 2024년 2월 6일 검색.

지속가능한 정원[1]

　가든스 바이 더 베이는 지속가능한 디자인의 개념을 도입하여 조성하고 2012년에 개관한 식물원이다. 이 식물원은 아바타에서 영감을 받아 만든 슈퍼트리를 중심으로 각종 식물을 이용한 정원과 온실의 다양한 식물들을 볼 수 있는 싱가포르 관광의 핵심으로 자리 잡았다. 싱가포르는 섬 전체에 펼쳐진 다양한 종류의 나무와 꽃, 녹색의 공원, 보호구역, 실내의 무성한 꽃과 나무 덕분에 종종 '가든시티(정원도시)'라고 불린다. 그래서 싱가포르 어디를 가도 정원과 넓은 녹지, 식물원과 동물원, 고목의 가로수를 만날 수 있다. 좁은 땅덩어리에 주거비율이 매우 높아 세계 최고 수준의 고밀도 지역이지만 이를 상쇄할 만큼의 녹지 비율로 인해 '가든시티'로서 손색이 없다.

　'가든스 바이 더 베이(GBTB)'는 온실 내에 1.28헥타르 면적의 꽃을 보유한 세계 최대 규모의 유리 온실 플라워 돔을 특징으로 한다. '도시 속의 정원도시'에서 지속가능한 '정원 속의 도시'를 지향하는 '싱가포르 정부는 지난 20년간 꾸준히 크고 작은 공원을 조성해왔는데 그 핵심 프로젝트 가운데 하나가 가든스 바이 더 베이(Gardens by the Bay)다. 가든스 바이 더 베이는 2012년 6월 100만㎡ 규모로 싱가포르의 남쪽 마리나베이 간척지 위에 세워진, 25만 가지의 식물이 있는 일종의 식물 테마파크다. 공원은 크게 야외 정원과 온실로 나뉘지만, 이곳 가든스 바이 더 베이의 상징은 단연 '슈퍼트리 그로브(Supertree Grove)'라 불리는 철근과 콘크리트 뼈대에 패널을 붙여 식물을 심은 15~16층 건물 높이의 거대한 인공나무 숲이다. 싱가포르의 새로운 랜드마크로 부상한 마리나베이샌즈 호텔 스카이파크와 가까운 거리에 위치해 있다. 야외 정원과 실내 정원으로 구성된 가든스 바이 더 베이는 녹지와 형형색색의 꽃들로 가득하다.

　가든스 바이 더 베이는 식물의 생존 환경을 인공적으로 조성하여 멸종 위기에 처한

1　김수봉, 2017, 지속가능한 디자인과 사례, 박영사.

식물을 보호하는 역할을 하고 있다. 또한 도심 속에 만들어진 인공공원이 단순히 관광과 휴식의 목적뿐만 아니라 기후변화가 지구환경 변화에 미치는 영향을 가르쳐주면서 환경의 중요성도 일깨워주고 있다. 슈퍼트리는 마다가스카르 섬의 바오밥 나무를 연상시킨다. 이 거대한 나무와 나무 사이에는 노란색 구름다리가 설치돼 있어 나무와 나무 사이를 걸어 다니면서 정원 전체를 조망할 수도 있다. 슈퍼트리 18그루에는 200여 종, 16만여 가지의 식물이 식재돼 있다. 슈퍼트리에서 빛이 쏟아져 나오면서 화려한 나이트 쇼까지 펼쳐지면 식물원을 뛰어넘어 엔터테인먼트공간으로 거듭난다. 가든스 바이 더 베이의 지속가능성은 다음 3가지 점에서 특별하다.

❶ 지속가능한 정원: 가든스 바이 더 베이를 주목하게 하는 것은 다양한 식물 군뿐만 아니라 이 정원을 환경 친화적인 관광명소로 만들기 위한 싱가포르 정부의 종합적인 지속가능한 디자인과 관련된 노력과 열정이라고 생각된다. 가든스 바이 더 베이는 에너지와 수자원을 효율적으로 사용하기 위한 계획과 조성 절차에 있어 지속가능성이 그 근본 원칙이었다. 가든스 바이 더 베이의 상징인 슈퍼트리는 최고 16층 높이의 버섯처럼 생긴 인공구조물로서, 거대한 수직정원이다. 나무 사이를 걸어 다닐 수 있게 공중 보행로가 설치돼 있다. 매일 밤 두 차례씩 환상적인 조명 쇼를 펼친다. 가든스 바이 더 베이를 지나는 사람이라면 누구나 정원의 슈퍼트리를 볼 수 있다. 이 11그루의 슈퍼트리는 환경적으로 지속가능한 특징을 담고 있으며 그 중 몇 그루는 태양 에너지를 흡수하는 광전지를 사용하여 슈퍼트리를 밝히고 있다. 또 몇 그루는 온실의 배기구로도 사용된다.

❷ 에너지절약형 온실: 실내정원 플라워 돔(1만 2,000㎡)으로 가면 1,000년이 넘은 지중해 올리브 나무와 아프리카 바오밥나무를 비롯한 수백 가지 식물들을 바로 눈앞에서 만날 수 있다. 유리 온실 플라워 돔은 실내정원인데도 시원하고도 건조한 지중해기후를 재현해 다양한 종류의 식물과 꽃이 잘 자랄 수 있는 환경을 제공한다. 두 개의 온실은 그 자체로 정원에서 가장 눈에 띄는 특징이다. 지중해와 열대 산림을 기후를 본 딴 온실 생물군계를 가지

고 있다. 식물이 그 자체로 중요한 가치를 나타낸다면, 온실은 에너지 소비를 최대 30% 줄이는 냉방 시스템을 설치함으로써 지속가능성을 목표로 하여 설계되었다. 또 낮은 온도에서만 공기를 냉각시켜 식물에 빛을 주면서 열은 감소시키고, 냉방 전에 플라워 돔을 제습함으로써 사용 에너지 량을 줄이며, 폐열을 이용하여 에너지를 만들어 전력망 의존도를 낮춘다.

온실의 목표는 가능한 한 생성된 에너지를 재사용하고 에너지 낭비를 줄이는 것이다. 야외 공원의 슈퍼트리(Supertree)는 나무를 형상화한 구조물인데 다양한 식물이 구조물을 감싸 안으며 자라는 수직정원 그 자체도 멋있지만 그 안에서 싱가포르 전역에서 나오는 정원 쓰레기들을 태워 에너지를 만든다. 또한 비가 올 때면 빗물을 저장해 온실 용수로 활용하고, 밤에는 낮에 모은 태양열로 레이저쇼를 선보인다.

❸ 물의 재활용: 정원을 둘러보다 보면 드래곤플라이 호수(Dragonfly Lake)와 킹피셔 호수(Kingfisher·Lake)를 만날 수 있다. 두 호수 모두 가든스 바이 더 베이 호수의 일부이며 마리나베이 저수지로 연결되는 곳이다. 호수의 물은 가든스 바이 더 베이에 물을 공급하는 사용된다. 호수는 그 자체로 수중생물의 서식지이고 생물 다양성의 훌륭한 교육의 장이다.

가든스 바이 더 베이는 공학 기술과 운영에 융합된 여러 가지 지속가능성 관련 방안을 인정을 받아 비건축 부문에서 그린 마크(플래티넘 어워드)를, 그리고 건축 부문에서 그린 마크(골드 어워드)를 수상했다. 하지만 가장 인상적인 사실은 가든스 바이더 베이가 수많은 방문객들에게 환경보호와 지속가능성, 생물 다양성의 중요성을 알린다는 점이다.[2]

2 http://ko.marinabaysands.com/singapore-visitors-guide/around-mbs/gardens-by-the-bay.
   html#bSlCmpRroqyCQBsB.97 2024년 2월 6일 검색.

조경을 위한 용어 에세이

조경 용어 선정에 참고한 책

❶ 김수봉, 셉테드 개념을 적용한 안전한 어린이공원 (2014), 박영사.

❷ 김수봉, 우리의 공원(2014), 박영사.

❸ 김수봉, 자연을 담은 디자인(2016), 박영사.

❹ 김수봉, 지속가능한 디자인과 사례(2017), 박영사.

❺ 김수봉, 공원이용의 사회학(2018), 문운당.

❻ 김수봉, 이 나무는 왜 여기에 있어요(2020), 문운당.

조경을 위한 **용어** 에세이

색인

* 인명표시

한국어

ㅇ

ㅋ

카르타고 51

ˣ 카멜 205, 206

카스텔로 58

칸트 92

ˣ 캘버트 복스 83

ˣ 캘빈 클라인 142

캠퍼스 125, 179, 197, 201, 202, 213

커버스토리 123

ˣ 컨스터블 10, 11, 92

ˣ 켄트 66

켈트 185, 193, 194, 210

코네티컷 85

ˣ 코코 샤넬 205

ˣ 코페르니쿠스 249

ˣ 콩지안 유 137

ˣ 쿨렌 브라이언트 82

크리스마스 186

ˣ 클로드 로랭 67, 72

클립토스트로보이데스 198

키노사르게스 47

키오난투스 189

킹피셔 283

ㅌ

타지마할 51, 52, 53, 54

테라스 49, 52, 58, 59, 151, 161

토탈 디자인 17, 100

토피어리 58

투르비나타 201

트램 160

티그리스 21, 41, 42

ㅍ

파라다이스 22, 41, 42, 43

파라데이소스 22, 43

파라디수스 43

파르네제 58

파티오 51, 52, 54

패셔니스타 142

ˣ 팩스턴 66, 77, 78, 189

페놀 239

페르시아 22, 42, 43, 51, 125

페리스틸리움 48

포럼 47, 251

ˣ 포프 66

프라이버시 111

프랑스 9, 11, 21, 48, 53, 57, 60, 61, 62, 65, 66, 67, 72, 77, 81, 167, 193, 206

ˣ 프랭크 게리 142

영어

B

C

Camellia sinensis (L.) Kuntze 206

Canes 173

Crystal Palace 77, 78

D

designare 97

Dragonfly Lake 283

E

Earth Summit 251

ecology 127

* E. Goffman 115

Environmental Design 99, 229

* E. T. Hall 112

F

Firmiana simplex 221, 222

G

* Georg Wilhelm Friedrich Hegel 92

Ginkgo biloba L. 213, 214

Grand Tour 72

Greensward Plan 83

H

Happiness 147, 156

Harmony 147, 156

Healing 147, 156

Healthy 147, 156

Height 171, 173

I

* Immanuel Kant 92

Industrial Design 99

target area 88

technical system 131

technology 153

Territoriality 108, 115

The Limits to Growth 149, 159

UHI 275

Unavailable energy 155

Urban Ecology 136

Urban Heat Island 145, 275

Visual Design 99

Width 172

조경을 위한 용어 에세이

초판발행	2024년 4월 15일
지은이	김수봉
펴낸이	안종만·안상준
편 집	전채린
기획/마케팅	장규식
표지디자인	Ben Story
제 작	고철민·조영환
펴낸곳	(주) **박영사**
	서울특별시 금천구 가산디지털2로 53, 210호(가산동, 한라시그마밸리)
	등록 1959. 3. 11. 제300-1959-1호(倫)
전 화	02)733-6771
f a x	02)736-4818
e-mail	pys@pybook.co.kr
homepage	www.pybook.co.kr
ISBN	979-11-303-1368-9 93520

*파본은 구입하신 곳에서 교환해 드립니다. 본서의 무단복제행위를 금합니다.

정 가	23,000원